海洋渔业科学与技术

东海鲐鱼
早期生活史过程的生态动力学模拟研究

李曰嵩　陈新军　陈长胜◎编著

海洋出版社

2017年·北京

图书在版编目（CIP）数据

东海鲐鱼早期生活史过程的生态动力学模拟研究/李曰嵩，陈新军，陈长胜编著. —北京：海洋出版社，2017. 1

ISBN 978-7-5027-9654-9

Ⅰ. ①东…　Ⅱ. ①李…　②陈…　③陈…　Ⅲ. ①东海-鲐-鱼类资源-研究　Ⅳ. ①S922. 9

中国版本图书馆 CIP 数据核字（2016）第 316480 号

责任编辑：赵　武
责任印制：赵麟苏

海洋出版社　出版发行

http：//www. oceanpress. com. cn
北京市海淀区大慧寺路 8 号　邮编：100081
中煤（北京）印务有限公司　　　　新华书店发行所经销
2017 年 1 月第 1 版　2017 年 1 月北京第 1 次印刷
开本：787 mm×1092 mm　1/16　印张：9
字数：160 千字　定价：58. 00 元
发行部：62132549　邮购部：68038093　总编室：62114335

前　言

鲐鱼（*Scomber japonicus*）是我国近海重要的中、上层鱼类资源，也是我国近海海洋生态系统中重要的种类之一。环境对其补充量的影响很大。以往的研究关注于海洋环境与成鱼资源量之间的关系，但每年的补充量主要是由鱼类早期的存活率及其生活史过程决定的，因此海洋环境因素的细微变化将对鱼类生命周期中最为脆弱的鱼卵和仔幼鱼的生长、成活直至种群的补充产生影响。

本专著在系统描述IBM基本理论基础上，综合物理海洋学和渔业资源学等学科，根据鲐鱼生长初期的物理环境，结合其生长特性，利用海洋物理模型（FVCOM）建立了基于个体的鲐鱼早期生活史过程的物理-生物耦合模型；利用该模型证实在正常气候下，台湾东北部产卵场的鱼卵是否向对马海峡海域附近输运，估计从东海南部产卵场到达对马海峡以及太平洋等育肥场的仔幼鱼比例，分析产卵场对各个育肥场补充和联通性，找出影响其输运的动力学因素；探讨极端气候下以及产卵场变动情况下，对鲐鱼鱼卵仔幼鱼的输运、丰度分布以及生存等影响，从而系统分析物理、生物因素对鲐鱼资源种群变动的内在动力学规律；解释鲐鱼仔幼鱼集群和成鱼渔场形成的动力学因素。

本专著共分5章内容。第1章为绪论，对本专著研究的背景，IBM的基本概况、理论和方法以及在渔业上的应用分类进行了综述，并对建立东海鲐鱼相关的IBM在渔业上的应用研究进行了介绍，最后提出本专著研究的目标、内容与研究框架。第2章是耦合模型的构建，重点对物理模型、生物模型的特点，各个子模块的作用和构建方法，模型中数据来源和处理方法，模型中各个参数设定和公式的含义，模型的验证以及耦合方法分别进行详细的介绍。第 3 章是结果与分析，为本专著的重点章节，在本章中对数值模拟结果进行了详细分析与讨论，包括对物理场模拟结果的描述和分析，一维条件下生物模型的验证和灵敏度分析；着重研究和分析了在正常气候场、台风、产卵场的位置和深度变动情况下，对鱼卵仔鱼的输运、分布、滞留、生存的影响，找出造成其影响的动力学因素。第 4 章是鲐鱼仔鱼游泳移动对输运和集群的影响，重点是创建游泳移动规则，研究具有游泳能力的仔幼鱼对输运分布和生存的影响，探讨仔幼鱼集群的动力学因素，并应用此规则对产卵区鲐鱼成鱼进行模拟，初步研究渔场形成的动力学因素。第 5 章是总结和展望，重点对本专著存在的问题与未来研究思路进行总结与展望。

本专著系统性强，将渔业资源学科和物理海洋学科进行交叉研究，为 IBM 在中国近海渔业上的应用提供研究典范，为国内科研工作者更好地了解 IBM 基本理论以及应用该模型提供帮助。本专著将为鲐鱼资源的中长期预报提供研究基础，为该资源的可持续开发与利用提供了科学依据。

本专著得到上海市远洋渔业协同创新中心、上海市高峰学科Ⅱ类以及农业部科研杰出人才及其创新团队等专项的资助。

由于时间仓促，覆盖内容广，国内没有同类的参考资料，因此难免会存在一些错误。望各读者提出批评和指正。

编著者

2015 年 10 月 10 日

目　　录

第1章 绪论

1.1 东海鲐鱼生态模型研究背景及意义

我国人口众多，且人均耕地面积只有世界平均水平的40%，到21世纪中叶，人多地少的矛盾将更加突出。但我国海域辽阔，海洋将成为我国优质动物蛋白的主要来源。2014年，我国海洋捕捞总产量约为1 713万t，总产值约1 948亿元（《农业统计年鉴》，2014），可见海洋渔业在我国社会经济中占有重要地位。

鲐鱼（*Scomber japonicus*）是一种中上层鱼类，广泛分布于三大洋的温带、亚热带的大陆架及其邻近海域，其中我国、日本、朝鲜等西北太平洋海域均有广泛的分布（唐启升，2006；Belyaev 等，1987；Hernández 等，2000；Kiparissis 等，2000）。Yamada 等（1986）和 Watanabe 等（2000）认为栖息在中国东海和日本海的鲐鱼包括两个群系，即对马暖流群系和东海群系，其中对马暖流群系为中国（包括台湾省）、日本、韩国的灯光围网等渔业所利用（李纲，2008；李纲等，2011）。

我国近海鲐鱼资源丰富，我国大规模利用灯光围网捕捞鲐鱼始于20世纪60年代，年产量从1970年的4万t增加到1979年的10多万t。20世纪80年代，由于我国近海底层传统经济鱼类资源的衰退，鲐鱼逐渐成为拖网渔业的主要兼捕对象，80年代平均年产量达20多万t。90年代中后期，鲐鱼年产量一度突破30万t，此后基本维持在30万t的水平。鲐鱼已成为我国近海主要的经济鱼种之一，在我国海洋渔业中占有重要地位（唐启升，2006），其中东黄海鲐鱼产量约占全国鲐鱼产量的78%（图1-1）。

鲐鱼同许多中上层鱼类一样，鱼类资源的变动并非完全受捕捞的影响，环境对其补充量的影响也很大（唐启升等，2001），以往的研究较多关注于环境与成鱼资源量之间的关系，Hjort（1914）认为每年资源补充量的多少主要

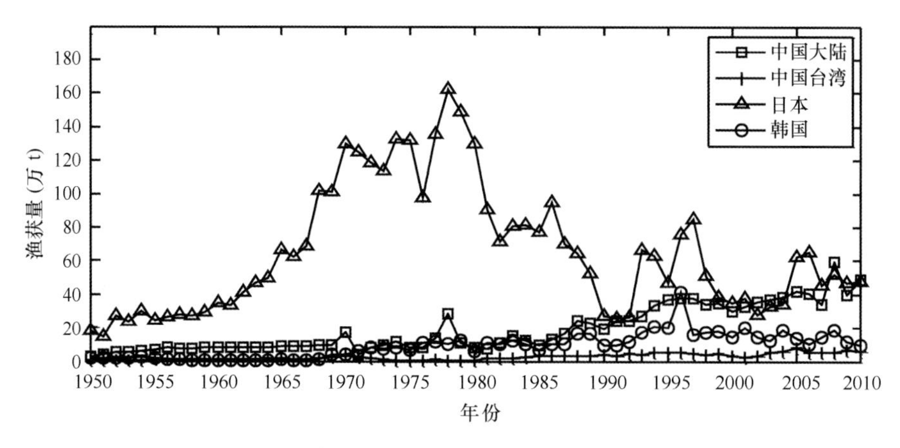

图 1-1　中国大陆、中国台湾、日本、韩国鲐鱼渔获量（引自李纲等，2011）

是由鱼类早期存活率决定的，海洋环境因素的细微变化将对鱼类生命周期中最为脆弱的鱼卵和仔幼鱼的生长、成活直至种群的补充产生严重影响（Campana 等，1989；Coombs 等，1990），因此，开展鱼卵仔鱼从产卵场到育肥场的输运机制的研究极为重要，尤其对育肥场离产卵场较远的鱼类（万瑞景等，2006）。由于黑潮和台湾暖流的影响，使对马暖流群系鲐鱼栖息的水文环境具有很大的复杂性（Chen 等，1994），鲐鱼鱼卵和幼鱼从产卵场到育肥场的详细输运过程至今尚未十分清楚。

随着海洋生物资源可持续开发问题日益受到重视，海洋生态系统动力学与生物资源可持续利用的研究已成为当今海洋跨学科研究的国际前沿领域（唐启升等，2000）。海洋生态动力学是海洋科学与渔业科学交叉发展起来的边缘学科新领域，环境的变化对生物资源补充量有重要影响，物理过程与生物过程的相互作用在生态系统中是十分重要的，因此，海洋生态系统的研究核心是将物理过程与生物过程相互作用和耦合。由于海洋物理性质的特殊性，海洋生态系统和陆地生态系统不相同，海洋的初级生产力主要由浮游植物完成，次级生产力仍然由很小的浮游动物完成，这样，海流等海洋物理过程就成为影响生态系统结构及其变化的关键过程（唐启升等，2001）。

鱼类资源是一种可自我更新的持续性资源，资源的动态和变化并非完全受捕捞的影响，其更新能力也取决于种群的自我调节能力，即取决于其世代的强弱，受到所处生态环境的承载能力的制约，因为鱼卵和仔幼鱼的存活和数量是鱼类资源补充和渔业资源持续利用的基础，世代的强弱很大程度上取决于它们早期生活阶段的补充状态（Hjort，1914），而鱼卵和仔幼鱼阶段是鱼类生命周期中最为脆弱的时期，它们随海流的漂移性和对海洋环境的敏感性，海洋环境因素的细微变化将对其发育、生长直至种群的补充产生强烈的影响，因此，鱼卵和仔幼鱼的输运机制的研究是渔业资源可持续利用研究中必不可少的首要工作之一。其次，这一阶段其成活率的高低、剩存量的多寡将决定鱼类补充群体资源量的丰歉（Coombs 等，1990；Campana 等，1989；Van 等，1990；Hovenkamp，1992）。另外，在海洋食物网中，鱼卵仔幼鱼是主要的被捕食者，仔幼鱼又是次级生产力的重要消费者，在海洋营养动力学研究中，仔幼鱼既是生物能的消费者，同时鱼卵、仔幼鱼又是生物能量的转换者，是海洋食物链中的重要环节之一（万瑞景等，2006）。因此，进行与早期仔幼鱼成活有关的温度、海流等物理、生物过程的研究就显得很重要。

由于鲐鱼早期生活阶段营浮游生活，自成熟鱼卵进入水体至幼鱼加入补充群体，经历了被动漂流、扩散、生长等过程，外界环境因素的细微差别都将对其存活以及整个早期生活史阶段的生长直至种群的补充产生重大的影响。这个过程实际上是与海洋生物过程、物理过程和化学过程等的有机耦合，这样对鲐鱼早期补充机制和补充过程的研究就需要多学科的交叉。为此，本专著将综合物理海洋学和渔业资源学等学科，根据鲐鱼生长初期的物理环境，结合其生长特性，利用海洋物理模型（FVCOM）建立基于个体的鲐鱼早期生长的物理-生物耦合模型，研究东海鲐鱼鱼卵仔幼鱼的生长、输运、洄游以及渔场间的鱼卵仔鱼的连通性以及补充量变化，同时，探讨正常气候下、极端气候下以及产卵场的变动等情况下，对鲐鱼鱼卵仔幼鱼的输运影响进行研究，从而系统分析鲐鱼资源种群变动的内在动力学规律，为准确预测鲐鱼资源量和鲐鱼资源的可持续开发与利用提供科学依据。

1.2　基于个体发育的生态模型在渔业上的研究现状

鱼类巨大的资源量、广泛的空间分布和难以准确采样等特点，使生态学家很难进行现场种群动力学的研究，为此动力学模型在鱼类资源研究中扮演了重要的角色。生态学家越来越多地使用基于个体模型（Individual-Based Model，IBM）来解决生态动力学的问题（Deangelis 等，1992；Judson，1994），在过去10多年中IBM在鱼类早期生活史上的应用发展很快（Miller，2007），尤其在鱼类种群动态的定量研究中，已成为研究鱼类补充量（Werner

等，1997）和种群变动（Cowen 等，2006）一个必要工具，Batchelder 等（2002）认为可能是研究鱼类生态过程唯一合理的手段。IBM 考虑了影响种群结构或内部变量（生长率等）的大多数个体，能够使生态系统的属性从个体联合的属性中显现出来，IBM 有助于我们加深对鱼类补充过程的详细理解。

1.2.1 模型基本概况

生态模型从模拟对象角度可分为 IBM 和集合模型。由于生态系统的高度复杂性和非线性，对其演变机制的理解往往是半经验的，而且生态监测数据一般比较稀疏，因此，最初传统的模型通常以半经验的集和模型式为主，集合模型以种群为模拟对象，研究生态系统中种群属性的变化。大多数这种传统生态模型定义种群丰度或基于一些资源补充关系的补偿模型来研究整个资源种群的动态（Heath 等，1997），是在一个种群内综合个体作为状态变量来代表种群规模，而忽略了个体特征的差异性和局部的相互作用（Sharp，1981；Sharp 等，1983），不考虑个体的详细情况，这种种群动力学模型忽略了个体是有差异的和个体会在局部由于环境不同发生相互作用的这两个基本生物学问题（Deangelis 等，1992；Judson，1994；Huston 等，1988）。因为一个真实的生态系统中的核心单元就是个体，每个个体在空间和时间上都存在差异，都有一个独特的产卵地和运动轨迹，种群的属性并不是所有个体的总和，种群的动态是来自个体的相互作用结果，个体的属性决定了系统的属性。自从建立了补充量动力学总体架构后（Ricker，1954），Sharp 等（1981；1983）清楚地认识到环境因素不能被忽视，所以包括复杂时空结构的环境变化、个体对环境有反应的生态模型是必要的，即把种群看成是个体的集合体，每个个体有它自身的变量（年龄、大小、重量等）表示，个体又受其他个体及环境影响。Mark 等（2005）认为 IBM 可以提高生态模型的仿真性能和实用性。

随着计算机科学和空间数据采集能力的进步，元胞自动机和 IBM 等计算方法或专家系统得到快速发展。与传统集合模型相比，这些模型在系统变量、时间域和空间域上以离散为主，它们以个体或者空间单元为对象，研究其时间演变和空间运动，从而获得系统的时空格局。IBM 能够克服传统模型的缺点，这也是促进 IBM 发展的最主要原因（Grimm，1999）。IBM 是海洋生物生态-物理环境耦合和动力学-统计学方法相结合的模型系统，以个体或空间单元为对象，用数学物理方程定量描述个体的特征如年龄、体长的变化及其行为如运动、捕食和逃避等，类似于流体力学中的拉格朗日方法，研究其时间演变和空间运动，从而获得系统的时空格局（Bartsch，1988；Bartsch 等，1989）。

20 世纪 70 年代以前，国际上对鱼类早期补充机制的研究多集中在鱼卵、仔幼鱼自然和捕食死亡、种群补充和环境因素对仔鱼存活和种群补充过程影响的研究。1979 年 Deangelis 等（1979）第一个提出 IBM 及其在鱼类中应用，20 世纪 80 年代末期 Bartsch（1988；1989）开发了第一个鱼类物理生物耦合模型，他将个体作为基本的研究单元，重点考虑了环境对个体的影响。近 10 多年中，IBM 的发展很大程度上也得益于 20 世纪 80—90 年代计算机硬件和软件系统具有很强的处理能力和运算速度，从而允许充分模拟更多个体和属性（Jarl 等，1998；Breckling 等，2005）。使用 IBM 研究早期鱼类的生活史被证明是非常有用的方法，国外主要研究龙虾、贝类、礁岩性鱼类等这些早期幼体具有很强的被动漂移性、成体基本不移动的种类，通过海流漂移到的地方基本上就是它们一生的栖息地，再结合幼鱼的生长发育可以直接研究联通性和补充量的问题（Bartsch 等，2004b）。对游泳能力强的鱼类，主要是模拟早期的生长阶段，利用鱼卵仔鱼的被动漂浮特性来研究其输运路径和进入育肥场的情况，间接地研究补充量和连通性问题（Huse 等，1999；Kirby 等，2003）。IBM 模式被认为可能是鱼类生态种群动态研究的唯一合理手段（Batchelder，2002），但 IBM 在国内应用比较少，陈求稳等（2009）应用 IBM 做了鱼类对上游水库运行的生态响应分析；李向心（2007）对基于个体发育的黄渤海鳀鱼（*Engraulis japonicus*）种群动态进行了模拟研究。可以预期，IBM 将成为我国渔业生态动力学模型的重要研究方向。

1.2.2　模型的基本理论和方法

理论上讲，当用一套参数化的方程来模拟一个特定生态系统的种群动力学时，这就是 IBM（李向心，2007）。IBM 以个体为对象，主要是通过参数化描述足够多的过程，如年龄、个体生长及移动、捕食和逃避等，以求提高模式的可预报能力，而不是去追求在生态过程模拟上的深入（Allain 等，2003）。

目前建立 IBM 有两种基本方法：个体状态分布（i-state distribution）和个体状态结构（i-state configuration）方法（Metz 等，1986；Deangelis，1992）。个体状态分布方法主要依靠如 Lestie 矩阵模型和偏微分方程等分析工具来处理种群的特征分布，将个体作为集体看待，所有个体都经历相同的环境，所有具有相同状态的个体都会有相同的动力学。个体状态结构方法是基于对为数众多的相互作用的有机个体的模拟，依靠高速的计算机进行计算，以综合的形式提供结果（Deangelis 等，1992）。将每一个个体作为独特的实体看待，个体遭遇不相同的环境，使用这种方法的 IBM 可以包含许多不同的状态变量，在不同时间和空间尺度上捕捉种群动态，探索更加复杂的过程。最近大多 IBM 都使用个体状态结构这种方法（Deangelis 等，1991；Rice 等，1993；Rose 等，1993），但这种方法需要大量的生物数据，经常被迫使用在种群水平上估计参数，甚至使用简单的平均（Pepin 等，1993）。

Grimm（1999）研究认为，使用 IBM 主要有两个原因：①实用主义（pragmatic）原因，目前研究的问题无法用传统模型来解决，一般采用物理和生物的耦合模型来计算；②范例（paradigmatic）原因，研究中使用大部分所知的状态变量模型理论。现阶段大部分研究都是实用主义动机，原因很简单，海洋生物都有它们独特的轨迹漂移和进一步发育为完全的游泳能力的生长初级阶段，这些独特的轨迹研究使用状态变量方法是不能解决的。

生态系统学家长期以来试图在生态学中寻找类似于物理学中牛顿定律那样的基本定律，然而“混沌现象”使人们发现系统初始值的微小差异，会导致系统结果的千差万别，所以 IBM 模型一般趋向于复杂，以反映复杂真实的有机体，这些复杂因素会使模型产生新的性质（Breckling 等，2005），此时就出现了 IBM 模型的浮现性质（Emergent properties）。所谓浮现性质，就是 IBM 模型强调的个体差异和环境的异质产生新的性质（Breckling 等，2005），相对于传统的集合模型，IBM 模型的浮现性质使得生态模型具有更强大的功能（李向心，2007）。浮现性质的本质是个体生命活动的复杂性和个体间关系的非线性使得我们无法简单地推测生态系统的发展规律，所以也就不可能建立通用所有海域和鱼类的 IBM 模型。

因为海洋生物不同的生长阶段基本在不同的物理环境中，模型中包括空间要素对研究许多海洋物种是至关重要的。模型中一般都包含隐式或显式的空间（Werner 等，2001b），隐式空间的研究不能精确确定仔鱼（包括鱼卵）早期生活阶段在模型区域里的位置，也就是说，个体虽然在环境中生长发育但没有具体位置信息，这类研究不是解决仔鱼卵、仔幼鱼输运的问题，而是解决鱼类栖息地选择方面的问题（Lough 等，2001；Suda 等，2003；Maes，2005）。显示空间的研究试图解释或理解鱼类早期生活阶段从产卵场到育肥场过程中鱼类鱼卵、仔幼鱼的输运、滞留的问题（Berntsen 等，1994；Shackell 等，1999；Reiss 等，2000；Mullon 等，2002；Hinrichsen 等，2003）。

大部分海洋生物在海洋环境中都有一个漂浮的生命阶段，在此阶段没有游泳能力去反抗海流，很大程度上是受海流的控制被动输运（Werner 等，1997）。IBM 模型主要专注生物、生态耦合水动力，研究物理环境（流、温度、盐度、紊动、光等）变化对海洋生物分布、生长和死亡的影响。即把种群看成是个体的集合体，每个个体用它自身的变量（年龄、大小、重量等）表示，某一期的个体又受其他个体及环境影响，这种模型与物理模型相耦合，计算量大，通常被用来模拟某一种类的形态、生长及发展的变化，也可以模拟在物理条件影响下的运动轨迹，有的增加了其他生物种类，用于研究不同种类之间的相互捕食等关系。

渔业 IBM 的应用一般由物理和生物模型两部分耦合而成（图 1-2），即鱼类早期生活史的生物模型和三维水动力模型（Hinckley 等，1996）。生物模型中海洋鱼类早期的发育根据体长或年龄分成若干个生长阶段，使用参数化方法描述各个阶段的生长和生存动力学，一般包括生长、死亡、行为。生长包括索饵和新陈代谢，是依靠温度和食物的，如生长是温度和捕食的函数，死亡是被捕食物的函数；水动力模型要能较好地再现中尺度或大尺度海洋环流，并且能够提供温盐场、流场等重要物理参数的时空分布。耦合后模拟个体和非生物环境之间的相互作用，使每个个体在时空上都有独特的轨迹、生长和死亡等。

在渔业 IBM 中大多数的物理模型是使用二维或三维数值模型，这些模型大部分由 M2 分潮、风和入流等条件驱动，但也有少量使用一维分析模型。因为物理模型需要提供相应的变量来驱动耦合的物理-生态模型，所以物理模型的质量和精度显得格外重要。许多早期的模型是基于汉堡陆架海洋模式（Hamburg Shelf Ocean Model，HAMSOM），并被应用到不同海域来研究不同的海洋生物（Bartsch 等，1997；Gallego 等，1999；Hislop 等，2001；Hao 等，2003）。近期发展的先进复杂洋流模型（Blumberg 等，1987；Haidvogel 等，1991；Lynch 等，1996）使具有空间变化的 IBM 成为研究大尺度海洋生物与环境相互作用影响十分有用的工具。普林斯顿海洋模型（Princeton Ocean Model，POM）、区域海洋模型系统（Regional Ocean Modeling System，ROMS）及非结构有限体积海洋模型（Finite Volume Coast and Ocean Model，FVCOM）已被用来作为 IBM 的水动力基础（Parada 等，2003；Stenevik 等，2003；Adlandsvik 等，2004；Tian 等，2009a）。水动力模型的水平分辨率影响鱼卵和幼体的轨迹预测，Helbig 等（2002）研究水动力模型分析了时空分辨率对预测

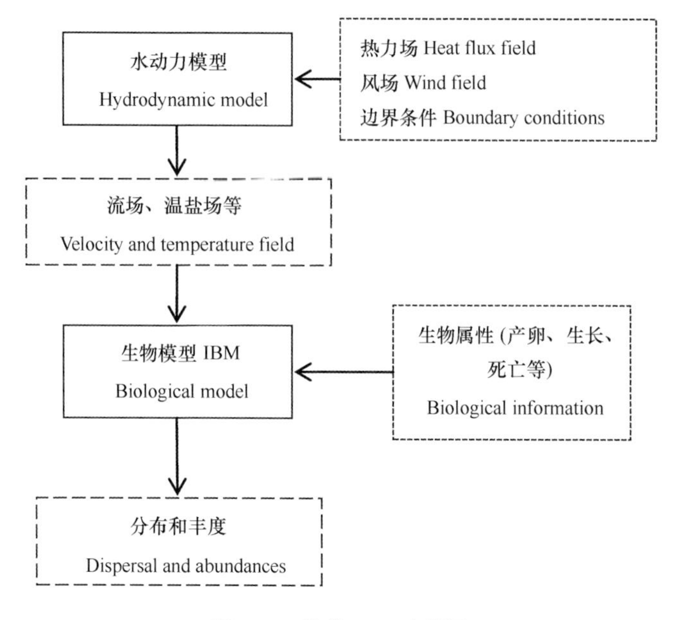

图 1-2 渔业 IBM 流程图

鱼卵分布的影响，他们发现观察和模型预测分布之间有明显偏差，不可能利用水动力模型完全精确地预测输运分布，即使在模型分辨率高达 3 千米的时候。一般说来，模型网格尺寸应该足以满足适当水平的混合过程的需要，即比内罗斯贝半径要小（Hinrichsen 等，2002）。但需要注意的是，现在 IBM 中使用水动力模型的分辨率往往是物理海洋学家根据不同水动力模型或研究海域特点而定，而不是由生物学家为了最适合解决生态问题而选择的（Miller，2007）。

既然物理空间是异质的，那么个体运动的规则就显得非常重要，因为不同的规则能导致个体处于不同的环境中，进而影响个体的一切活动和状态。在个体行为能力相对不强的情况下（卵、幼体、浮游生物），可以设定个体做某种规则的运动（Huse 等，1999），如在静止的水中不运动，在流动的水中随水流运动。但对于具有强运动能力的游泳动物，如鱼类，就不能如此简单地处理，此时模型中个体的运动规则除了与具体的物种有关外，还有一些基本的理论（生活史理论、最佳摄食理论，理想自由分布理论）和方法（神经网络、遗传算法）。所以大多数的研究都集中在运动能力不强的仔幼鱼阶段。

大多数有空间特性的 IBM 模型都使用质点跟踪算法在模型区域内进行平流和扩散计算（Miller，2007），预测下一时间步长质点的位置，模拟鱼类早期生活阶段的移动轨迹（Hinckley 等，1996；Werner 等，1996；Heath 等，1997；Hermann 等，2001；Brickman 等，2002）。确定质点位移的方程为：

$$\frac{d\vec{x}}{dt}=\vec{v}(\vec{x}(t),\ t) \tag{1-1}$$

式中：$\vec{x}$ 是质点在 t 时刻的位置，$d\vec{x}/dt$ 是质点在单位时间里的位移，$\vec{v}(\vec{x}(t),\ t)$ 是流场，公式（1-1）一般使用龙格-库塔（Runge-Kutta）法进行离散和积分的。然而需要注意的是，质点跟踪算法都是数值逼近，不可能捕获小尺度流动特性对仔幼鱼行为（Fiksen 等，2002;）或分布（Helbig 等，2002）的影响作用。个体的时空分布对湍流扩散系数十分敏感，而这些系数可取范围较大并精度有限，湍流扩散系数的选取将直接影响个体生长和分布结果。

应用质点跟踪有两个实施途径，第一个是指定初始条件（如产卵场和产卵日期），使模型向前运行，质点随着时间在流场中漂流，预测未来的输运轨迹、分布和丰度（Gallego 等，1999），绝大部分 IBM 应用都采用这种方式。第二个是回溯法（Backtracking）（Batchelde，2006；Christensen 等，2007；Kasai 等，2008），运行模式以调查到的鱼卵仔鱼分布和发育年龄作为初始条件，质点在流场中逆时反向移动，向回追溯鱼卵或仔鱼曾经经过的轨迹，最后可以找到产卵场位置，这种方法对于推测鱼类产卵场是一个很好的方法，另外，在此类模拟中可以忽略死亡和捕食这些生物细节。

IBM 要求明确地跟踪每个个体的生命历程的模型，我们在计算每个鱼卵仔鱼移动轨迹位置的同时把它们简单地看成被动漂移质点是不切实际的，也要计算生物个体根据其所处周围环境的生长和发育，即将这些生物属性赋给质点，质点就变成了有生命的个体（Mullon 等，2003）。有的在模型中增加了个体的昼夜垂直活动，来代表个体的自身随海流的垂向运动，自身运动对模拟结果有影响，有时影响还可能很大。

由于实际生态系统中的个体数量是很大的，模型不可能模拟每个生物学意义上的个体，那样会使计算量变得很大，因此需要每个模型个体代表一定数量生物学意义上的个体。为了避免全部个体都参与跟踪计算，在模型个体数上有的采取重取样算法（Resampling algorithm）保证模型个体数不变，便于控制计算量，当有模型个体死亡时，把另一个活着的模型个体一分为二，每个代表的生物个体数为原来一半，其他属性不变（Mcdemot 等，2000）。有的采用超级个体算法（Super individual algorithm）（Scheffer 等，1995；Bunnell

等，2005；Tian 等，2009b），这个方法允许超级个体表示大量的个体生物（图 1-3），就是这个超级个体一直活着，直到预定的（固定）寿命结束，生物个体的死亡体现在超级个体代表的生物个体数的变化上，虽然在超级个体内有变异的问题，但往往还是假设每个超级个体中的个体都具有相同的属性。对于模型个体数量的选择，Brickman 等（2002）建议如果产卵和育肥场基本一致并且都很大，那么只有少数质点和少量的模拟就可以。相反，如果产卵区很大，育肥场地面积小，为了保证模拟的精度，可能需要更多的质点和大量的模拟。

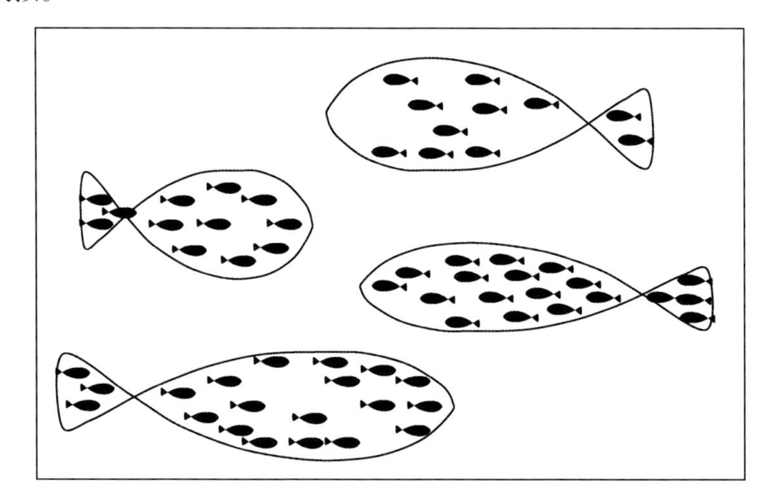

图 1-3　超级个体示意图

1.2.3　模型在渔业上的应用分类

过去的 10 多年中，使用 IBM 研究早期鱼类的生活史已证明在很多方面非常有用，主要研究龙虾、贝类、石鱼等这些早期幼体具有很强的被动漂移性、成体基本不移动的种类，通过海流漂移到的地方基本上就是它们一生的栖息地，再结合幼鱼的生长发育，可以直接研究连通性和补充量的问题。对游泳能力强的鱼类，主要是模拟早期的生长阶段，利用鱼卵仔鱼的被动漂浮特性来研究其输运方向和进入育肥场的情况，间接地研究补充量和连通性问题。

从表 1-1 中可以看出，虽然 IBM 在世界范围内广泛地被应用，但研究的鱼类大部分是商业价值高的鳕鱼、鲱鱼类，主要研究区域集中在阿拉斯加陆架、美国东北岸和欧洲北部沿岸 3 个海域。IBM 在渔业上应用的目标是寻求解

表 1-1 部分渔业 IBM 研究应用类型

类型	重点研究	海域	鱼种	文献
输运相关	从产卵场到育肥场输运	北海、欧洲	鲱鱼 *Clupea harengus L*	Bartsch 等，1989
		北极东北	比目鱼 *Reinhardtius hippoglossoides*	Adlandsvik 等，2004
		罗弗敦、挪威	鳕鱼 *Gadus morhua*	Adlandsvik 等，1994
		北海、欧洲	鳕鱼 *Melanogrammus aelgefinus*	Heath 等，1998
		比斯开湾、欧洲	鳀鱼 *Engraulis encrasicolus*	Allain 等，2001
		阿兰瑟斯帕斯湾、墨西哥湾	鲑鱼 *Sciaenops ocellatus*	Brown 等 2004
		波罗的海	鳕鱼 *Gadus morhua L*	Voss 等，1999
	滞留研究	本吉拉北部、安哥拉	沙丁鱼 *Sardinops sagax*	Stenevik 等，2003
		温哥华西南、加拿大	—	Foreman 等，1992
		乔治湾、美国	鳕鱼 *Gadus morhua*，*Melanogrammus aeglefinus*	Werner 等，1993
		乔治湾、美国	鳕鱼 *Gadus morhua*，*Melanogrammus aeglefinus*	Page 等，1999
		新斯科舍、加拿大	鳕鱼 *Melanogrammus aeglefinus*	Brickman 等，2001
	物理因素的影响	乔治湾、美国	扇贝 *Placopecten magellanicus*	Tian 等，2009b
		乔治湾、美国	鳕鱼 *Gadus morhua*	Lough 等，1994
		雪利可夫海峡、阿拉斯加	狭鳕 *Theragra chalcogramma*	Hermann 等，1996
		奥克拉科克、北卡罗来纳州	鲱鱼 *Brevoortia tyrannus*	Rice 等，1999
	鉴别产卵地	切萨皮克湾、美国	鲱鱼 *Brevoortia tyrannus*	Quinlan 等，1999
		美国东海岸	鲱鱼 *Brevoortia tyrannus*	Hare 等，1999
		美国东海岸	鲱鱼 *Brevoortia tyrannus*	Stegmann 等，1999
		东南澳大利亚	鳕鱼 *Macruronus novaezelandiae Hector*	Bruce 等，2001

续表

类型	重点研究	海域	鱼种	文献
输运相关	种群连通性	加勒比海	岩礁鱼类	Cowen 等，2006
		乔治湾、美国	扇贝 *Placopecten magellanicus*	Tian 等，2009a
生长死亡相关	温度、食物相关生长	北海、欧洲	鳕鱼 *Gadus morhua*，*Melanogrammus aeglefinus*	Heath 等，1997
		新斯科舍、加拿大	鳕鱼 *Melanogrammus aeglefinus*	Brickman 等，2000
		乔治湾、美国	鳕鱼 *Gadus morhua*	Lough 等，2005
		东北大西洋	鲐鱼 *Scomber scombrus*	Bartsch 等，2004a
	生物能量消耗和转化	阿拉斯加湾	狭鳕 *Theragra chalcogramma*	Hinckley 等，2001
		乔治湾、美国	鳕鱼 *Gadus morhua*，*Melanogrammus aeglefinus*	Werner 等，2001a
	温度、体重、体长、相关死亡率	本吉拉南部、安哥拉	鳀鱼 *Engraulis capensis*	Mullon 等，2001
		本吉拉南部、安哥拉	鳀鱼 *Engraulis capensis/encrasicolus*	Mullon 等，2003
		布朗斯湾、美国	鳕鱼 *Melanogrammus aeglefinus*	Brickman 等，2002
	饥饿死亡率	波罗的海	鳕鱼 *Gadus morhua*	Hinrichsen 等，2003
		阿拉斯加海域	狭鳕 *Theragra chalcogramma*	Hinckley 等，1996
		波罗的海	鳕鱼 *Gadus morhua*	Hinrichsen 等，2002
捕食相关	觅食选择性	—	太阳鱼 *Lepomis macrochirus*，鳀 *Engraulis mordax*，鲐鱼 *Scomber japonicus*，鲱鱼 *Alosa pseudoharengus*	Werner 等，1974；Pyke，1984；Crowder，1985
		乔治湾、美国	鳕鱼 *Gadus morhua*	Fiksen 等，2002
	湍流对仔幼鱼捕食影响	乔治湾、美国	鳕鱼 *Gadus morhua*，*Melanogrammus aeglefinus*	Werner 等，1996
		雪利可夫海峡、阿拉斯加	鳕鱼 *Theragra chalcogramma*	Megrey 等，2001
		试验室	鳕鱼 *Gadus morhua*	Galbraith 等，2004
		—	鳕鱼 *Gadus morhua*	Mariani 等，2007

释和预测渔业种群的补充量，按其应用的侧重点不同分为鱼卵与仔幼鱼输运、鱼类生长死亡、鱼类捕食3种类型（Cowan等，2002），前两类研究在渔业生态学上都有很长的历史。这些研究中有的包含很少或没有生物过程（Neill，1979；Bartsch，1988；Walters等，1992；Tyler等，1994）；有的则结合大量的仔幼鱼生物学特性，但空间分辨率不高（Pepin，1989；Cowan等，1992；Rose等，1996；Gallego等，1997）；当然还有一些研究两方面结合来进行研究（Walters等，1992；Hinckley等，1996；Werner等，1996）。在这三大类中，许多研究一般都引入了物理场（Leggett等，1994），意味着渔业IBM都考虑物理因素，所以相对粗糙的生物数据，目前为止，IBM应用最多的是在鱼卵与仔幼鱼运输相关的研究上。

1.2.3.1 鱼卵与仔幼鱼输运过程的研究

利用复杂海洋环流模型获取现实相关的时空尺度（一般中尺度）物理场，流场携带生物体输运通过一个具有空间异质性场，确定海洋生物漂浮阶段在流场中拉格朗日轨迹或路径是IBM应用最多的方式，也是最基础性的研究，对后续的深入研究影响很大。归纳起来该类研究有以下几种：

（1）从产卵场到潜在育肥场输运的时空路径的研究。这类的研究一般最先开展的，都会模拟出和观测相吻合的输运路径和分布，并会结合一些简单的生长过程，得出一些区域或栖息地是适合生长的，而另一些区域则不然，并得出仔幼鱼输运到合适育肥场的重要性（Hjort，1914；1926）。Voss等（1999）使用IBM解释鳕鱼（*Gadus morhua*）仔鱼的漂移和浮游鱼类调查的对比研究，Mullon等（2002）测试关于产卵场到育肥场的输运和补充研究。

（2）鱼卵仔鱼滞留的相关研究。其中，Werner等（1993）做了开创性的工作，在乔治湾鳕鱼（*Gadus morhua*）鱼卵输运就是一个典型的例子，Werner使用s坐标、有限元、自适应网格模型模拟春天美国东北部陆架海流，在模型中代表鳕鱼鱼卵的被动质点在春季被释放在1 m、30 m和50 m水深处，从IBM计算的结果清楚地显示只有50 m处释放的卵滞留在海湾，在释放90 d后，并完全移动到湾的西北部。

（3）物理因素影响仔幼鱼种群分布的研究。在研究中显示物理过程对海洋鱼类种群波动有很大作用，对于许多海洋鱼类早期生长的漂浮阶段，中尺度和大尺度的洋流会影响一个世代（Incze等，1989；Kendall等，1992；Schumacher等，1993；Bograd等，1994）。特别是该海区具有较强变化的海流时，幼鱼的漂移轨迹可能大相径庭，仔幼鱼接触环境（如温度、盐度、捕食者和猎物）的不同将会导致其具有不同生长和生存过程。这种情况下，海流就对决定个体生存概率变得非常重要（Hinckley 等，1996），海流既可以通过水平流输运早期幼鱼到育肥场来直接作用，也可以通过湍流来决定幼鱼的捕食概率间接地作用。Tian 等（2009b）利用 FVCOM 海洋模型提供三维物理参数，结果显示，幼体的长距离向南输运主要依靠新斯科舍流、气候动力等。

（4）鉴别产卵地的研究。Quinlan 等（1999）使用 IBM 找出大西洋鲱鱼（*Brevoortia tyrannus*）潜在的产卵地点，该鱼沿着美国中大西洋沿岸补充到河口地区。Quinlan 估计补充到 3 个潜在育肥场（特拉华湾、佛里湾和切萨皮克湾）的补充群体在同一地点产卵，不同年龄的仔幼鱼进入不同的育肥场。也就是说，如果具有相同年龄且相同日期补充到 3 个不同的育肥场的仔幼鱼应当来自不同的产卵地点。

（5）种群连通性研究。Tian 等（2009a）建立 IBM 模型，研究缅因湾扇贝（*Placopecten magellanicus*）各区域间的连通和补充情况，他将扇贝分成卵、轮幼虫、软幼虫、具足面盘幼体 4 个漂浮期和幼鱼、基本成体和成体 3 个水底不动阶段，文章指出在乔治湾和南部海峡两个产卵地之间有很大比例的种群交换和连通。

因为水平流会对鱼卵仔鱼的输运影响很大，大部分研究只包含水平方向的应用（Brickman 等，2007），但个体在水层中的位置可能对它后续的漂移地点产生重大的影响（Page 等，1989；Fiksen 等，2007；Vikebø 等，2007），个体在水层中垂向的位置的变动主要由以下 3 个方面决定。

（1）质点跟踪过程中进行物理混合过程（混合过程尺度小于水动力模型网格尺寸）造成的，现在逐渐得到认可（Hunte 等，1993；Visser，1997；North 等，2006；Christensen 等，2007）。高计算效率欧拉（海洋模型）和拉格朗日（质点追踪模型）之间的联合可以使用随机游走（Random walk）方法来实现由湍流造成质点的位置变动，使质点在垂向不在确切的位置上（Thygesen 等，2007）。但现在无法从数学模型上精确地描述海水湍流混合过程，由物理模型计算的湍流，以及由此产生的个体随机游走过程，需要进一步研究。

（2）来自纯物理的原因，卵和仔幼鱼的垂向浮力造成的垂向移动（Brochier 等，2008）。

（3）仔幼鱼的垂向主动移动，通过微小的活动能力控制它们在水层中的位置。通常包含了年龄相关的垂向移动（Adlandsvik 等，2004；Heath 等，

1998；Hinckley 等，2001），光也被常用作垂直迁移行为的起因（Bartsch 等，1994；Pedersen 等，2003；Hinrichsen 等，2005）。对于没有明显水平输运的鱼类，通过光、温度和食物密度影响的垂直移动也对生长和生存起到了重要的作用（Sclafani 等，1993）。因为大多数的模型假设在水平方向都是被动漂移的，水平方向的横向游泳对输运的影响没有进行充分的研究，但幼虫垂直游泳行为可以严重地影响输运，因此，生物物理模型应包含垂直运动来代替假设模拟个体是被动的（无生命的）颗粒。

输运相关的这些研究中一般忽略如喂食、捕食等生物因素，但一般包含简单的温度或食物相关的生长过程。虽然缺乏关键生物变量，但利用空间明确的简化形式 IBM 已被明确作为在理解海洋环境影响海洋生物上迈开必要的第一步。此外，我们需要考虑鱼卵释放的地点、时间和水深，因为这些参数差异对模拟结果是相对敏感的（Page 等，1989；Brickman 等，2007；Fiksen 等，2007；Vikebø 等，2007）。

1.2.3.2　鱼类生长与死亡

模型要求对鱼类早期阶段生长和发育进行参数化，生长是生物能通过体长和年龄变化体现出来的浮现属性，生长与死亡相关的研究一般给出拉格朗日质点生物学特点，生长依赖于所漂移到的环境。早期生活史给出体长的参数化，这是 IBM 预测生长过程常用的方法。

温度和体长通常作为主要相关关系，一种预测生长的方式是根据由水动力模型的温度来预测生长（Heath 等，1997；Heath 等，1998；Brickman 等，2000），不考虑食物的限制因素，不需要模拟捕食种群，用这种方法主要取决于物理模型的精度和生长过程参数化的正确性（Folkvord，2005）。但有一些模型也将食物作为生长的限制性因素，在 IBM 中同时也引入根据现场观测饵料场（Lough 等，2005）。Bartsch 等（2004a）使用卫星反演的海洋表面温度和叶绿素场来求得蚤类的丰度，利用温度和食物两方面相关的经验公式预测生长。另一种是在模型中增加了复杂的捕食过程和生物能模块，模拟生物能量消耗和转化过程，根据捕食满足基本的新陈代谢后，剩余能量的分配来完成生长（Bartsch 等，1994；MacKenzie 等，1994；Werner 等，1996），这样做的好处可以直接连接饵料场和环境来预测生长，同时也是此类研究的核心特征（Miller 等，1988）。

鱼类早期生命阶段生存是生长和死亡平衡关系的结果。鱼类早期生活阶段很容易死亡（Cushing，1990），一些 IBM 模型中由于不研究补充量，不考虑卵和仔鱼的死亡率，但大多数模型使用一般随温度（Mullon 等，2002；2003）或随体重、体长（Brickman 等，2000；2001；2002）变化的经验关系表示死亡率。另一些研究仅考虑饥饿死亡率而不考虑直接捕食死亡率（Hinrichsen 等，2002；2003；Hinckley 等，1996；2001；Werner 等，1993；2001a），这类研究的生存率依赖于初始的捕食和后续食物供给的变化，会得出鱼类早期生活史中适合的饵料支撑了生长的结论，这类研究也依赖空间产生的差异性，例如模型中生长、生存的变化来自于空间分布上的温度（Heath 等，1998；Brickman 等，2000）或饵料场（Werner 等，2001a；Lough 等，2005）不同。另外，个体的行为也会影响生长、死亡，例如垂向位置的移动会影响光依赖捕食和被捕食风险（Fiksen 等，2007；Vikebø 等，2007）。

1.2.3.3　鱼类捕食

不是所有的模型都包括捕食或生长过程，但一般捕食过程包括空间特性和某种程度猎物选择性过程，并提出捕食在早期生活不同阶段（Hjort，1914；Cushing，1990）和不同环境条件（Mackenzie 等，1994；Lasker，1975；Rothschild 等，1988）的重要性。

（1）捕食机制的研究。一些使用简单的捕食过程，主要研究觅食选择性（Werner 等，1974；Pyke，1984；Crowder，1985），生长快且一直捕食的鱼类可能在食物选择上有优势（Rice 等，1999）或能更快地进入到幼鱼阶段（Houde，1987）。Werner 等（1996）用经验公式模拟搜索和捕食过程，通过仔幼鱼的游泳速度和能够到达的距离计算搜索范围，物理因素（湍流，光）被用作确定搜索区域的参数，这区域乘以猎物密度转换成单位时间内遇到的猎物的概率。此类模型的重点关注的是理解动物怎样生长，最终揭示体长-捕食条件下的增长率变化（Rice 等，1993）。另一些模型包括了非常详细的捕食机制，包括参数化的仔幼鱼捕食者和被捕食者之间的逃避、遭遇和捕食过程（Fiksen 等，2002；Hinrichsen 等，2003；Lough 等，2005）。如 Fiksen 等（2002）模拟了捕食过程中的遭遇和捕获等详细过程，其中包含光、湍流、猎物大小和漫游、捕食习性等。

（2）湍流对仔幼鱼捕食影响的研究。此类模型可以更好地理解湍流混合增强捕食的过程。这类研究主要集中在 1 mm～1 m 小尺度过程范围内，其中 Rothschild 等（1988）做了湍流影响仔幼鱼索饵和生长的开创性研究，小尺度物理过程结合捕食逐渐变成了主要的仔幼鱼动力模型（Mackenzie 等，1994；Dower 等，1997；Megrey 等，2001）。Werner 等（2001a）认为小尺度湍流对仔鱼捕食很重要，湍流对捕食的主要影响是对捕食者的大小和感知猎物的敏感性（Galbraith 等，2004；Mariani 等，2007）。然而，这种方法面临的问题是该方法需要的尺度比水动力模型最小水平分辨率小 2~4 个数量级。另外，许多研究中的重点问题，浮游捕食者与猎物之间遭遇过程通常很难理解和参数化（Visser 等，2006）。

这类研究也有被用来探索其他空间相关的捕食者和猎物之间的相互作用。例如，仔幼鱼能够根据湍流的局部变化，有效地增加或减少搜索范围（Mackenzie 等，1994；Dower 等，1997；Werner 等，2001a）。这就要求模型不仅仅要考虑空间分布的生物因素，同时也要考虑某些非生物环境因子。Werner 等（1996）给出了一个大尺度和小尺度物理因素影响补充量的例子，通过修改最小尺度的湍流来测试捕食场环境对生长和生存的影响，研究发现，幼虫存活率高的区域恰好与乔治湾水下水动力特强区域吻合，幼鱼在这些较小的区域里存活率的增加是由于潮汐底边界层内湍流提高捕食的接触几率和较高的饵料浓度。

总体来说，不管哪种类型的 IBM 在渔业上的应用，基本上是鱼类的生长史模型耦合三维物理场模型。都比较关注物理环境的变化对鱼卵仔鱼分布的影响，以及对生长死亡的影响，最终导致对补充量的影响。在研究中如果不关注幼鱼丰度分布，那么生物模型中死亡率的设定就不是很重要。模型中索饵类型和几率受湍流和选择性影响的。水平漂移尤其对温度敏感的鱼类更重要，因为水平漂移直接影响分布。产卵场的位置和产卵时间确定很重要，对模拟结果影响很大，如果对幼鱼的丰度有要求，就要提供比较精确的产卵母体的繁殖力。初始场个体垂直分布以及个体的垂直移动对模拟结果也有一定的影响，在某些研究区域可能还影响很大。模型中鱼类游泳速度一般都粗略地依靠体长来进行推算。

1.2.4　与建立东海鲐鱼模型相关的研究

1.2.4.1　鲐鱼资源、渔场和海洋环境关系的研究

海洋物理环境对鲐鱼的洄游、分布、繁殖与生长均有重要影响，前人对我国东海鲐鱼资源、渔场和海洋环境关系已经做了很多研究，这些研究可以为模型的建立提供丰富的数据和公式。

作为一种中上层鱼类，鲐鱼与海洋环境的关系极为密切，其中水温是最重要的因素之一，有关水温与鲐鱼生长、死亡、摄食、补充等关系的研究最

为普遍（李纲，2008）。研究表明，水温对鲐鱼卵的孵化成功率和仔幼鱼的死亡率有影响（Bartsch 等，2001；Bartsch，2005；Mendiola 等，2006），水温还对渔获量、单位捕捞努力量（Catch per unit fishing effort，CPUE）产生影响（Hiyama 等，2002；Perrotta，1992）。在鲐鱼资源、渔场与海流的关系研究方面，发现环流（Kim 等，2001）、黑潮（Chikako 等，2004）、水团（杨红等，2001）、台湾暖流（苗振清，1993）影响仔幼鱼的输运、生长发育以及中心渔场的位置。气候变化对鲐鱼资源变动与渔场分布的影响的研究方面，发现 SST 年际变化（Yatsu 等，2005）、厄尔尼诺（Sinclair 等，1985；洪华生等，1997；Ñiquen 等，2004；Sun 等，2006）、黑潮周期摆动（Yatsuia 等，2002）会影响鲐鱼产卵量、仔幼鱼的存活和鲐鱼的资源量。

上述研究表明，鲐鱼与环境关系极为密切，环境条件对鲐鱼的影响几乎贯穿其整个生命活动过程，使得鲐鱼资源产生变动，从而影响鲐鱼渔业的发展。但这些研究主要是种群水平上的调查结果，这些对于 IBM 模型中的个体来说只是结果，而非原因，要建立 IBM 模型就是要解释导致这些结果的详细过程，但这些理论和数据目前是较为缺乏的。

1.2.4.2 模型相关的研究

在物理模型方面，Chen 等（2008）专为东中国海建立的海洋模型（the unstructured grid Finite-Volume Coastal Ocean Model for East China Sea，FVCOM-ECS）能够很好地解决东中国海复杂岸线和底形的问题；计算区域包括渤海、黄海、东海以及日本海，并且包括了黑潮；分辨率为 0.1～15 km，垂向分了 40 层，能为东海鲐鱼 IBM 提供高分辨率的三维流场、温盐场以及湍流扩散参数。

在早期生活史的研究上，Hunter 等（1980）在实验室，通过饲养的方法，得到了鲐鱼（*Scomber japonicus*）鱼卵的孵化时间和水温的关系，鲐鱼幼鱼的变态时间和水温的关系，孵化后的不同水温条件下生长状况以及游泳速度等。Yamada 等（1998）在实验室里做了鲐鱼（*Scomber japonicus*）繁殖力的试验，得到了产卵批数、总产卵时间以及总产卵量的数据。Yukami 等（2009）利用生产数据，估计出东中国海鲐鱼（*Scomber japonicus*）的产卵时间和产卵地点。

在 IBM 模型方面，现阶段还没有人利用 IBM 来研究日本鲐鱼，但一些学者应用 IBM 的研究可以为东海鲐鱼的 IBM 建立和应用提供很好的方法和基础。

Hinrichsen 等（2002）利用了 IBM 模型研究水平流场对波罗的海鳕鱼

(*Gadus morhua*) 的影响。该研究使用三维海洋模型，水平分辨率是 5 km，垂向分了 41 层，在计算漂移的过程中计算了幼鱼的生长。在模型中幼鱼完全是被动漂移的，没有考虑幼鱼的行为，例如垂向运动等。结果表明，大部分幼鱼被水平海流带到丰富饵料场的水域中，在低食物密度中，温度降低能够提高幼鱼的成活率。

Vikebo 等（2005）利用 IBM 模型来预测 1985 年和 1986 年挪威鳕鱼幼鱼的输运和分布。该模型使用的物理模型是 ROMs，风场资料来源于 NCEP/NCAR，计算区域中有 12 条河流被考虑，水平分辨率为 3~8 km，垂向分了 25 层。模型中幼鱼两年的初始分布是不同的（1985 年高），幼鱼的生长没有考虑食物的限制是完全基于温度的。结果显示，在幼鱼输运过程中增加温度相关的生长过程的模拟能够很好地反应幼鱼的分布情况，幼鱼的垂向位置对幼鱼的分布和生长有很大的影响。早产出来的幼鱼往往比较有更广泛的分布，主要是因为它们有比较长的输运时间和遭遇到更大的风。

Vikebo 等（2007）和 Fiksen 等（2007）研究了个体的垂直行为对幼鱼最终分布的影响。模型中没有考虑水平和垂向的随机游走以及垂向对流，重点是在探讨幼鱼自身的垂向行为，结果显示，IBM 是一个很好研究个体行为和环境关系的工具。

Katz 等（1994）利用龙虾的早期生活史建立了 IBM 模型，在这个模型中用的是缅因湾分析流场。在开始的 10 天时间里，龙虾幼体没有游泳能力，完全被动漂移。在后期有一定的游泳能力，并且游泳是连续和定向的。结果显示，被动漂移对携带外海龙虾无关紧要，被动漂移和风驱动的表层流足可以使龙虾幼体经过 40 天的漂移到达。成年的龙虾虽然有一定的迁徙能力，但龙虾幼体的漂浮阶段对龙虾的最终分布是十分重要的。

Incze（2000）使用月平均流场，建立了一个早期的龙虾 IBM 模型来研究龙虾幼体的分布，主要利用回溯法推测龙虾的产卵场，在模型中龙虾幼体在没有考虑扩散作用的随流漂移中生长发育是简单的依靠温度。结果显示，近岸的龙虾是近海幼体漂移过去的，这种连通性是龙虾一个主要的补充机制，这对是否增加近海龙虾的开发是十分重要的。

Tian 等（2009a）利用 FVCOM 海洋模型提供三维物理参数，建立 IBM 模型研究缅因湾扇贝各海域间的连通和补充情况。结果显示，幼体长距离向南输运的差别主要由新斯科舍大陆架海流、气候动力、产卵时间和地点决定。文章中也指出了在乔治湾和南部海峡两个产卵地之间有很大的次种群的交换和连通。之后 Tian 等（2009b 和 2009c）又做了扇贝的漂移轨迹对海洋模型敏感性的分析，以及在乔治湾产卵区幼体的分布和栖息的研究。

国内，李向心（2007）建立了基于 IBM 鳀鱼群动态模型，并将基因的方法应用到 IBM 中，从鳀鱼鱼卵孵化后 45 d 的仔鱼开始模拟，模拟了仔幼鱼的摄食、代谢、游泳、产卵、死亡和卵的孵化。模型中鳀鱼个体的游泳取决于自身条件和环境条件，针对每个鳀鱼个体综合环境温度和食物（浮游动物）密度，并结合自身特性得出所在环境及邻域的适合度并计算适合度梯度。适合度梯度、自身游泳能力（与体长相关）和两个随机数决定鳀鱼游泳的方向和速度。研究表明，温度的升高可以使鳀鱼的产卵洄游提前，使其越冬洄游滞后，其分布也会随之改变。温度的变化不大时，对生物量几乎不产生什么影响，但当温度变化较大将会导致鳀鱼资源量的下降。但该模型主要集中在能量的转换方面，使用的物理模型只是二维，并且分辨率较低，并且没有流场。另外，环境因素对鳀鱼影响最大的生活史初期的 45 d 则没有模拟。

Bartsch 通过一系列的相关研究将 IBM 应用到了大西洋鲐鱼（*Scomber scombrus*）的研究中，这为我们利用 IBM 研究东海区的日本鲐（*Scomber japonicus*）奠定了很好的文献基础。2001 年 Bartsch 等（2001）建立生长和输运的 IBM 模型，由 HAMSO 海洋模式提供物理场来驱动输运模型。这个模型中包含了水平流和湍流，将鲐鱼早期分成卵、仔鱼、仔鱼后期 3 个生长阶段，模型中卵的孵化是温度的函数，生长是温度函数，利用该模型对东北大西洋鲐鱼的早期生活史阶段进行模拟，来探讨大西洋鲐鱼仔幼鱼的输运地点，并指出水温较高鲐鱼生长快，对提高浮游阶段鲐鱼卵、幼鱼和后期幼鱼的存活率有重要意义。2004 年 Bartsch 等（2004a 和 2004b）在此基础上在模型中又增加了更合理的生长和死亡模块，生长是温度和食物的函数，死亡率是绝对增长率和体长的函数，并且应用了超级个体的方法，进一步研究仔鱼的丰度分布、存活率以及补充量，得到波库派恩浅滩（Porcupine bank）上的反气旋环流将漂浮的鲐鱼卵和幼鱼保留在波库派恩陆架坡附近海域，减少了鲐鱼卵向南部温暖水域和北部寒冷水域的输送，而在水温较高的水域幼鲐生长率较大往往对应着较低的死亡率，因此提高了浮游阶段鲐鱼卵、幼鱼和后期幼鱼的存活率。2005 年 Bartsch（2005）根据调查资料，又进一步对模型进行了改进，在模型中增加了幼鱼的垂向运动的能力。

1.2.5　存在的问题及其展望

综上所述，国外已经发展了许多 IBM 模型，这些模型结合最佳摄食理论、生活史理论、自由理想分布理论在海洋生态学的许多领域取得了丰富的成果，但这些模型现阶段还只能进行一些机制性的研究，尚不能像天气预报那样较为准确地预测生态系统的演变，这一方面由于生物学基础研究的不足，另一方面是由于生命活动的高度复杂性。

现阶段仅仅是一个简化过程的研究，不是真实的种群动态研究，因为在研究中所用的物理场往往是物理模拟结果，不是真实的物理场，物理模拟结果有待提高。并且，现在还无法从数学模型上精确地描述海水湍流混合过程，由物理模型计算的湍流，以及由此模拟的个体随机游走，需要进一步研究。另外，多变产卵位置和产卵时间以及鱼类的生物学特性，这些都是需要提高的地方。

未来 IBM 将深入研究鱼类的生长、捕食、补充量、资源结构、气候变化影响的机制等问题（Miller，2007）。IBM 有潜力提高预测的种群变化和生态系统动力学，促进我们了解重要的生物物理过程（Miller，2007），并能为最优调查或海洋保护区的设计和评估提供帮助。

IBM 中包含具有高分辨率时空特性的水力学和种群动力学（非静态）将会是未来的发展趋势（Ault 等，1999），稳定高度参数化数值模型的发展将会更加精确地再现幼鱼的输运和分布。模型的日趋空间化，并包含了更多的生物细节，多物种和多代模型将允许进一步探究相互作用，最终了解鱼类补充过程。IBM 耦合 NPZ（营养盐、浮游植物、浮游动物）模型已经被开发出来（Hermann 等，2001），为 IBM 中提供具有时空分布的食物场提供了可能。另外，如果要精确研究捕食问题，需要开发包括多重营养级模型，这无疑是很困难的，但也是将来必须要解决的问题。

模型正向着结构愈来愈复杂的方向发展，即便如此，仍不能全面地反映实际海区中发生的主要过程，使得现有模型与生态系统的真实状况存在一定差距，模型的预测与观测数据间的一致性是至关重要的，但观察和模拟相吻合并不意味着模型的机理等同于现场的过程，另外，过度地追求生物过程的完整性和与观测资料的拟合程度，会造成这一学科的研究停滞不前；许多模型的经验参数来自于特定的环境条件下得到的，通常这些参数和公式是不具备普遍适用性的，模拟结果仅能在某一时段内与实际值有良好吻合，使用时应了解模式的假设。

近年来，我国IBM模型在渔业上的应用不多，原因首先是渔业科学和海洋学科交叉不够、合作不够，渔业科学家获取不到高质量的物理场，这就遏制了渔业IBM的应用。其次我国对近海鱼类早期生活史研究不够深入，这对应用IBM模型中的参数化过程是一大阻碍。为此，建议我国应该开展多学科的跨领域合作，海洋生物学、物理海洋学、计算机技术等学科的合作，渔业资源调查、海洋观测、计算机模拟等领域结合，以较完整的物理过程为基础，从简单的生物过程开始，一步一个脚印地研究近海物理场与海洋生物场的耦合关系，同时利用充足的试验和观测数据，提高IBM模型的实用性，使IBM在我国近海鱼类早期生活史研究能够尽快发展起来，增进我们对鱼类种群早期生态过程和补充量过程的了解，为开展基于生态系统的渔业资源评估与管理提供基础。

1.3 研究的目的、内容及研究框架

1.3.1 研究目的

主要针对目前IBM模型在我国渔业中应用还很少见的现状，在了解IBM基本理论以及在国际上应用现状的基础上，系统介绍了基于个体的东海鲐鱼早期生活史过程生态动力学模型各个部分的构建方法和过程，并利用该模型来证实台湾东北部产卵场的鱼卵是否向对马海峡海域附近输运，估计从东海南部产卵场到达对马海峡以及太平洋等育肥场的仔鱼比例，分析产卵场对各个育肥场补充和连通性，找出影响其输运的动力学因素；研究物理因素（台风）和生物因素（产卵位置和深度）的变动对鱼卵和仔幼鱼输运以及丰度分布的影响，系统分析物理、生物因素对鲐鱼资源种群变动的内在动力学规律；在模型中增加仔幼鱼的游泳能力，解释仔幼鱼集群和成鱼渔场形成的动力学因素，为深入研究鱼类的早期补充过程和渔业资源的可持续利用积累基础资料。

1.3.2 研究内容

本研究首先建立鲐鱼的物理-生物耦合模式，在鱼卵仔幼鱼期采取拉格朗日质点追踪方法，在漂流过程中对鲐鱼鱼卵仔鱼的生长、死亡进行参数化处

理（被动漂流阶段）；再在此基础上根据鲐鱼的生物学特点结合物理环境，利用适合度理论和最佳栖息地方法，对其游泳移动进行模拟（主动游泳阶段）。具体主要研究内容为以下几个方面。

1.3.2.1 耦合模型的建立

物理模型采用非结构有限体积法海洋模型 FVCOM，生物模型采用 IBM。物理生物两模型之间通过拉格朗日质点追踪的方法进行耦合，建立适合东海鲐鱼（*S. japonicus*）的物理-生物模型（IBM-CM）。

1.3.2.2 物理场的模拟

利用多年平均气候场和特定台风风场（Alice）分别驱动海洋模型对东中国海区进行模拟，得到2个（正常和台风）具有时间序列、高分辨、三维的流场、温盐场以及混合扩散系数等物理场。

1.3.2.3 生态动力学模拟（被动漂移）

在了解鲐鱼早期生活史和基本生物学特性的基础上，依据年龄和体长将鲐鱼早期生活史分为5个生长阶段，对各生长阶段依据生物特性进行参数化，选取主要的产卵场，利用物理场来驱动 IBM 生物模型，模拟出鲐鱼的鱼卵仔鱼生长、死亡和漂移，得出鲐鱼仔幼鱼的丰度分布以及输运路径，并找出影响鲐鱼鱼卵仔鱼分布和输运的动力学因子。研究鱼卵仔鱼的连通性，补充量关系以及资源种群变动等问题。

1.3.2.4 物理环境和生物因素变动的影响

在了解鱼卵仔鱼基本输运路径的基础上，模拟极端气候条件下（如台风等）和产卵场位置、产卵深度的变动对鱼卵仔鱼输运的影响，从而系统分析物理、生物因素对鲐鱼资源种群变动的内在动力学规律。

1.3.2.5 主动游泳模拟

在仔幼鱼被动漂移过程中，增加其游泳能力，设定移动规则，探讨游泳对输运的影响以及仔幼鱼集群的动力学因素。对产卵场中的鲐鱼成鱼也应用此运动规则，模拟鲐鱼成鱼的洄游行为，找出影响洄游的动力学因子和渔场的形成机制。

文中采用的技术路线如图1-4所示。

1.3.3 研究框架

第1章对本专著研究的背景，IBM 的基本概况、理论和方法以及在渔业

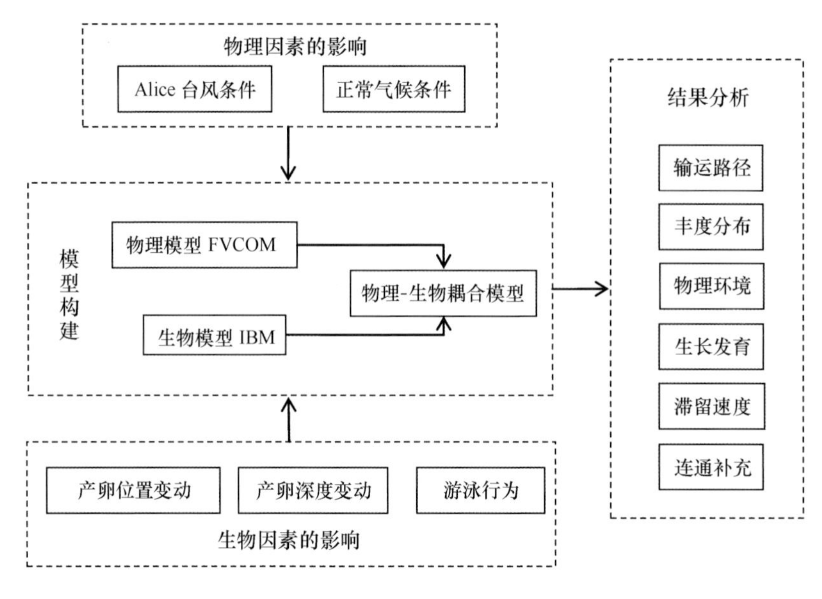

图 1-4　技术路线图

上的应用分类进行了综述，并对建立东海鲐鱼相关的 IBM 在渔业上的应用研究进行了介绍，最后提出本专著研究的目标、内容与研究框架。

第 2 章是耦合模型的构建，重点对物理模型、生物模型的特点，各个子模块的作用和构建方法，模型中数据来源和处理方法，模型中各个参数设定和公式的含义，模型的验证以及耦合方法分别进行详细的介绍。

第 3 章是结果与分析，为本专著的重点章节。在本章中对数值模拟结果进行了详细分析与讨论，包括对物理场模拟结果的描述和分析，一维条件下生物模型的验证和灵敏度分析；着重研究和分析了在正常气候场、台风、产卵场的位置和深度变动情况下，对鱼卵仔鱼的输运、分布、滞留、生存的影响，找出造成其影响的动力学因素。

第 4 章是移动对输运和集群的影响，重点是创建游泳移动规则，研究具有游泳能力的仔幼鱼对输运分布和生存的影响，探讨仔幼鱼集群的动力学因素。并应用此规则对产卵区鲐鱼成鱼进行模拟，初步研究渔场形成的动力学因素。

第 5 章是总结和展望，重点对本专著存在的问题与未来研究思路进行了总结与展望。

第 2 章　基于个体的物理-生态耦合模型的构建

自鱼卵进入水体至幼鱼加入补充群体，经历了被动漂流、生长、死亡等过程，实际上是海洋生物与物理过程的耦合过程，采用海洋模型和生物模型相耦合的方法来研究鲐鱼早期的输运以及补充机制和过程是多学科交叉综合研究（Miller，2007）。本生态模型是物理-生物耦合而成，其物理模型使用三维非结构有限体积的海洋模型 FVCOM（Chen 等，2006；Cowles，2008），生成三维流场、温盐场、扩散系数等物理环境变量。生物模型采用 IBM 来参数化鲐鱼早期产卵、生长、死亡过程。

2.1　物理模型

2.1.1　东海基本环流

东海是一个开阔的边缘海，自东北向西南长约 1 300 km，东西宽约 740 km，面积约 77 万 km^2，北邻黄海，东北部经对马海峡（或称朝鲜海峡）与日本海相通，东部以日本九州、琉球群岛和台湾岛连线为界与太平洋相通；西南由广东南澳岛至台湾猫鼻头连线与南海相通，长江在上海附近注入东海。东海大陆架宽广，地形复杂，地势从西北向东南倾斜，海底地形从大陆向外海缓缓倾斜，水深等值线大体与我国东部海岸线平行，平均水深 72 m，最大水深 2 322 m。以台湾岛和五岛列岛连线为界，其西北侧属于陆架浅海，面积约占东海总面积的 2/3，东南侧为大陆坡与冲绳海槽，有诸多水道如台湾海峡、与那国海峡、吐噶喇海峡、对马海峡等，是东海与大洋进行物质交换的咽喉要道。西侧有巨量径流入海，东侧有强大的黑潮流经，海上盛行季风。东海水文状况就是在这样复杂的自然条件下形成和变化着的，并且东海环流是东中国海（东海、黄海和渤海）环流的重要组成部分。东海的水文特征深受海底地形的影响，构成东中国海的海洋环流系统主要有两个流系，是以黑潮为主干及其分支组成的外来暖流系统和沿岸区被大陆径流所冲淡的沿岸流系（管秉贤，1984）（图 2-1）。

2.1.1.1 黑潮

黑潮为高温、高盐、高流速的强西边界流，经台湾岛与石垣岛之间水道进入东海，从吐噶喇海峡和大隅海峡流出东海，黑潮表层路径存在摆动，以台湾东北近海黑潮流轴的季节性摆动最明显，冬、春、夏三季流量无明显变化（官文江，2008），平均流量约为 27.5×10^{6} m^{3}/s，平均流速 1~2 m/s，大致相当于长江平均年流量的 1 000 多倍。黑潮左右两侧常出现尺度不同的涡漩，黑潮右侧存在逆流。黑潮暖流进入东海陆架后，受地形和环流影响在台湾岛东北等海域形成上升流，夏季尤为显著，主要的上升流区分布于大陆坡上及黑潮几个分叉的地方，大陆坡上的上升流与黑潮流态有关（张秋华等，2005）。黑潮就像一个大型的空调器，影响着整个东海，特别是东海南部的海况，对东海南部东半侧海域的海况以及渔业影响甚大。

2.1.1.2 台湾暖流

台湾暖流几乎控制了东海陆架大部分区域的水文状况。台湾暖流位于我国东海沿海的东侧，是闽浙近海海流的主干，为一股高温高盐水。台湾暖流以高盐水舌的状态大致沿 123°E 平行于岸边向北流动，直至长江口（苏育嵩，1986）。除冬季其表层可能受偏北风影响，流向偏南外，其余各层流速流向变化不大，流向几乎终年一致地沿等深线流向东北，但流轴、流幅和强度受季风的影响显著（苏育嵩，1986；管秉贤，1986）。春季台湾暖流水来源于台湾海峡水与黑潮表层水，夏季台湾暖流的上层水主要来源于台湾海峡，秋季来自台湾海峡的暖流势力有所减弱，黑潮水开始入侵陆架并逐步加强。台湾暖流下层水基本来自黑潮次表层水。夏季台湾暖流表层水的前缘可达 31°N（约长江口南岸处），深层水向北延伸更远，一般认为不超过 32°N（翁学传等，1983）。研究表明，台湾暖流沿着水下河谷向北推进过程中，其前端与长江冲淡水混合生成口外羽状锋，其西侧台湾暖流则沿河谷斜坡涌升，在浙江近岸 122°30′E 附近生成上升流锋面，东侧台湾暖流与南下的黄、东海混合水交汇生成切变锋（朱建荣，1997；郭炳火等，2000），这些对沿岸的渔业影响很大。

2.1.1.3 对马暖流

对马暖流经对马海峡流进入日本海。夏季对马暖流水源来自黑潮表层水、

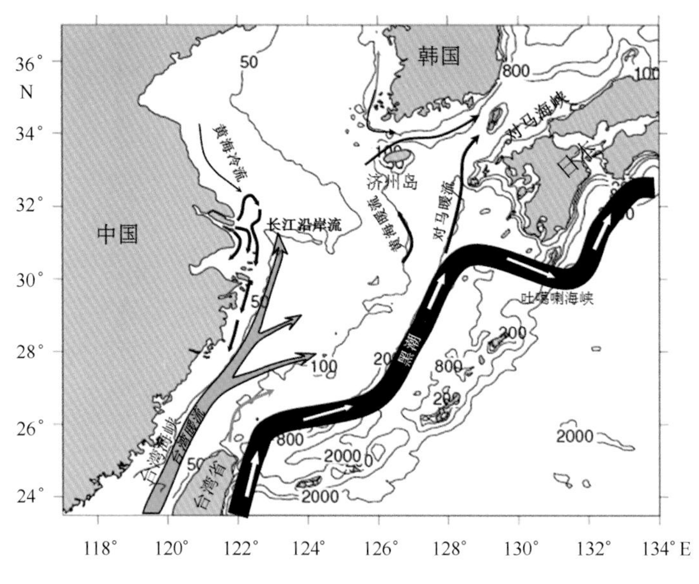

图 2-1　春夏季东黄海流系分布示意图（引自 Chen 等，2008）

大陆沿岸水和台湾暖流水，流量比春季大；春季和冬季东海东北部海域黑潮表层水是对马暖流的主要来源，另外，东海北部混合水也为对马暖流提供了水源，秋季大陆沿岸水与台湾暖流对对马暖流水源提供减弱，黑潮水的地位逐渐加强（朱建荣等，1997）。

2.1.1.4　黄海暖流

黄海暖流发源于济州岛东南部海域，主要是以补偿流态势进入黄海的，主要来源于北上的黄海、东海混合水。黄海暖流具有季节变化明显的冬春补偿性。黄海暖流沿陆架向黄海推进过程中，前端受西岸水与鲁苏沿岸水，西侧受黄海混合水，东侧受朝鲜西岸沿岸水的影响，在暖流轴两侧会形成十分发达的温盐锋面（张晶等，2004）。

2.1.1.5　东海沿岸流

东海沿岸流为我国东南沿岸的主要流系之一，是一个以风海流（Ekman 型漂流）为主的流系（朱建荣等，1997）。其流向随季风而变，夏季在盛行偏南风的影响下，流向均偏北，流幅较宽，流速较强，一般为 20 cm/s 左右。冬季在盛行偏北风的影响下，东海近海除台湾暖流区域有时流向仍偏北外，表层流向以偏南占绝对优势，流幅大减，流速较弱。风海流对风的响应极快，影响深度在 20 m 以内，中下层海流具有补偿流性质。

苏北沿岸流源于苏北沿岸水，冬季沿长江推向东南、进入东海北部、汇入东海环流，夏季与黄海冷水团环流合为一体形成逆时针环流。闽浙沿岸流春夏季受偏南季风影响，贴岸北流至北纬30°N附近海域与长江冲淡水汇合向东和东北流去；秋、冬季受偏北风影响，朝南流，并达到福建沿岸。长江冲淡水冬季沿闽浙近岸顺岸南下；春季，长江入海径流开始顺河口朝向直下东南，至离岸稍远处发生气旋式偏转；夏季，长江冲淡水一般指向东北，洪水期冲淡水舌可延伸至济州岛附近，几乎遍及东海西北部及南黄海南部、甚至中部；秋季又开始向南转移。朝鲜沿岸流冬季至初春，沿朝鲜半岛西侧20～40 m等深线南下；夏季则指向北，与终年向南的黄海西侧沿岸流明显不同。此外，东海上升流系统较发达，分布于浙江沿岸、舟山群岛、台湾东北部等海域。这些上升流的存在，对东海鲐鱼资源具有重要意义。

注入东海的长江是亚洲第一大河，每年有约9 240亿 m^3 巨量径流流入东海（沈焕庭，1992），洪枯季径流量分配十分不均，夏季每月约占总流量的12%，而冬季每月只占4%，洪水期长江口门外的平均余流流速约为40～50 cm/s（朱建荣等，1997）。巨量的径流和它携带的大量泥沙、营养盐、污染物等，对东海海洋生态与环境产生巨大影响（朱建荣等，1997）。

2.1.2 模型概况和改进

近年来，随着物理模型的迅速发展，生态动力学数值模型有了明显的进步。美国麻省州大学（The University of Massachusetts）海洋科学技术学院陈长胜博士研究组建立个三维（3D）非结构、原始方程、有限体积的海洋模型（Finite Volume Coast and Ocean Model，FVCOM）。该模型在理论和数值计算方面基本解决了浅海陆架、河口物理海洋和生态动力学模型中最令人头痛的复杂几何岸界拟合和计算有效性的难题（陈长胜，2003）。该模式最大特点和优点是三角网格结合了有限体积法，三角网格具有易拟合边界、局部加密的优点，而有限差分便于直接离散差分计算海洋原始方程组的优点（陈长胜，2003）。有限元体积采用三角网格，给出线性无关的基函数，求其待定系数，特点是动力学基础明确、差分直观、计算高效。FVCOM兼有两者的优点，数值计算采用方程的积分形式和更好的计算格式，使动量、能量和质量具有更好的守恒性，用干湿判断法处理潮汐移动边界，应用改进的Mellor和Yamada的2.5阶（MY-2.5）以及Smagorinsky湍流闭合法用于垂直和水平混合模型，使模型在物理和数学上闭合，垂直采用 σ 变换来体现不规则的底部边界（朱建荣，2003），像 POM 和 ROMS 其他海洋模式一样，FVCOM 使用了模分离的方法，外模和内模分裂以节省计算时间。外模主要解决与表面重力波相关的快速运动，主要由整层水体的辐射和辐合所致，海面高度与整层水通量的梯度成比例，而与垂直各层中的流动细节无关，因此，它直接由垂直积分后的方程组（即二维的垂直积分方程组）来计算，内模是计算与密度有关的较慢变化的运动，主要由三维的密度场不均匀所致，由于运动的速度远小于表面重力波相速，采用不同的时间积分步长来处理，连接内外模是通过水位，模式的调整是基于在每个内模时间步长上的垂向通量的积分。该模型已成功地应用于美国的乔治亚、南卡、麻省等的一些河口以及乔治湾、五大湖和我国的渤海、东海、黄海等，它代表了数值模式新的发展方向，具有广阔的应用前景（朱建荣，2003）。

该模型的控制方程组由动量、连续、温度、盐度和密度方程组成（Chen 等，2006）：

$$\frac{\partial u}{\partial t} + u\frac{\partial u}{\partial x} + v\frac{\partial u}{\partial y} + w\frac{\partial u}{\partial z} - fv = -\frac{1}{\rho_0}\frac{\partial p}{\partial x} + \frac{\partial}{\partial z}\left(K_m\frac{\partial u}{\partial z}\right) + F_u \qquad (2-1)$$

$$\frac{\partial v}{\partial t} + u\frac{\partial v}{\partial x} + v\frac{\partial v}{\partial y} + w\frac{\partial v}{\partial z} + fu = -\frac{1}{\rho_0}\frac{\partial p}{\partial y} + \frac{\partial}{\partial z}\left(K_m\frac{\partial v}{\partial z}\right) + F_v \qquad (2-2)$$

$$\frac{\partial p}{\partial z} = -\rho g \qquad (2-3)$$

$$\frac{\partial u}{\partial x} + \frac{\partial v}{\partial y} + \frac{\partial w}{\partial z} = 0 \qquad (2-4)$$

$$\frac{\partial T}{\partial t} + u\frac{\partial T}{\partial x} + v\frac{\partial T}{\partial y} + w\frac{\partial T}{\partial z} = \frac{\partial}{\partial z}\left(K_h\frac{\partial T}{\partial z}\right) + F_T \qquad (2-5)$$

$$\frac{\partial S}{\partial t} + u\frac{\partial S}{\partial x} + v\frac{\partial S}{\partial y} + w\frac{\partial S}{\partial z} = \frac{\partial}{\partial z}\left(K_h\frac{\partial s}{\partial z}\right) + F_S \qquad (2-6)$$

$$\rho = \rho(T,\ S) \qquad (2-7)$$

式中：x，y 和 z 分别是笛卡儿坐标系里东、北和垂直方向的坐标；u、v 和 w 是 x、y 和 z 方向上的速度分量；T 是水温；S 是盐度；ρ 是密度；p 是压力；f 是科氏参数；g 是重力加速度；K_m 为垂向涡动黏性系数；K_h 为热力垂向涡动摩擦系数；F_u、F_v、F_T、F_S 分别代表水平动量、热量、盐度、扩散项。

对于东中国海海洋模型 FVCOM-ECS（the unstructured grid Finite-Volume Coastal Ocean Model for East China Sea，FVCOM-ECS），根据网格的分辨率，有两个版本，最初的第一代网格，如图 2-2 所示，在长江、杭州湾和舟山群

岛附近分辨率为 1 km，在其他沿岸为 5 km，在渤海、黄海和东海为 20 km，在太平洋开边界处为 60 km。

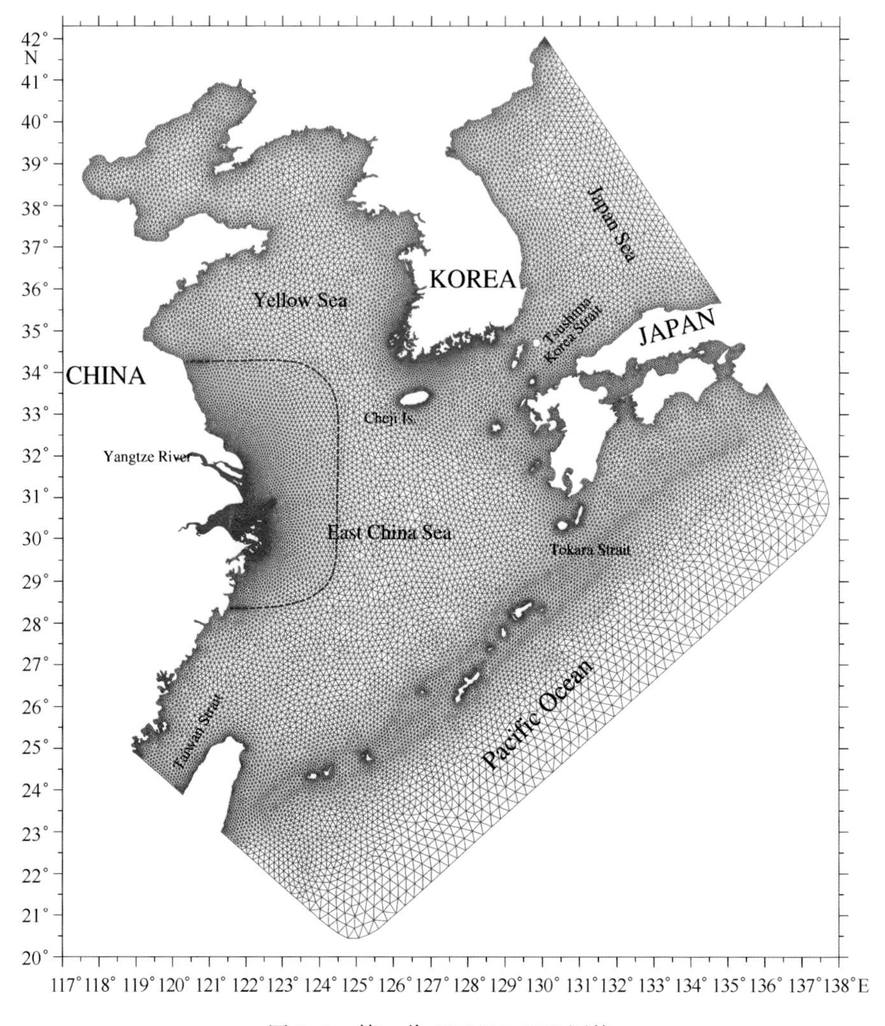

图 2-2　第一代 FVCOM-ECS 网格

（蓝点画线表示长江河口嵌套边界，来源于 http：//fvcom. smast. umassd. edu/research_projects/EChinaSea/index. html）

尽管第一代网格在沿岸、黑潮路径上没有相当高的分辨率，但这种适宜的分辨率可以高效计算天文潮、区域表层波和风暴潮。因此，各版本经常用来模拟东中国海的潮汐，因为在陆架上和黑潮路径上的低分辨率会使模拟计算的误差放大，对潮流结构产生较大影响（葛建忠，2010）。

我们模型中的物理模型采用第二代 FVCOM-ECS 模型，是 Chen 领导的研究组于 2008 年成功建立的（Chen 等，2008），本模型的非结构网格由 SMS（Surface-water Modeling System）软件设计生成，如图 2-3A 所示共有网格节点数 127 914 个，三角网格数 249 294 个；水平分辨率为外海 10~15 km，大陆架和黑潮传输路径上 1~3 km（图 2-3C），长江口和杭州湾 0.5~1.5 km（图 2-3B），在长江等复杂岛屿附近里高达 0.1~0.5 km；计算区域覆盖了中国的东海、黄海、渤海以及日本海，包括了台湾暖流、黑潮和长江径流；该模式采用了球坐标系并使用了真实的岸线和水深。

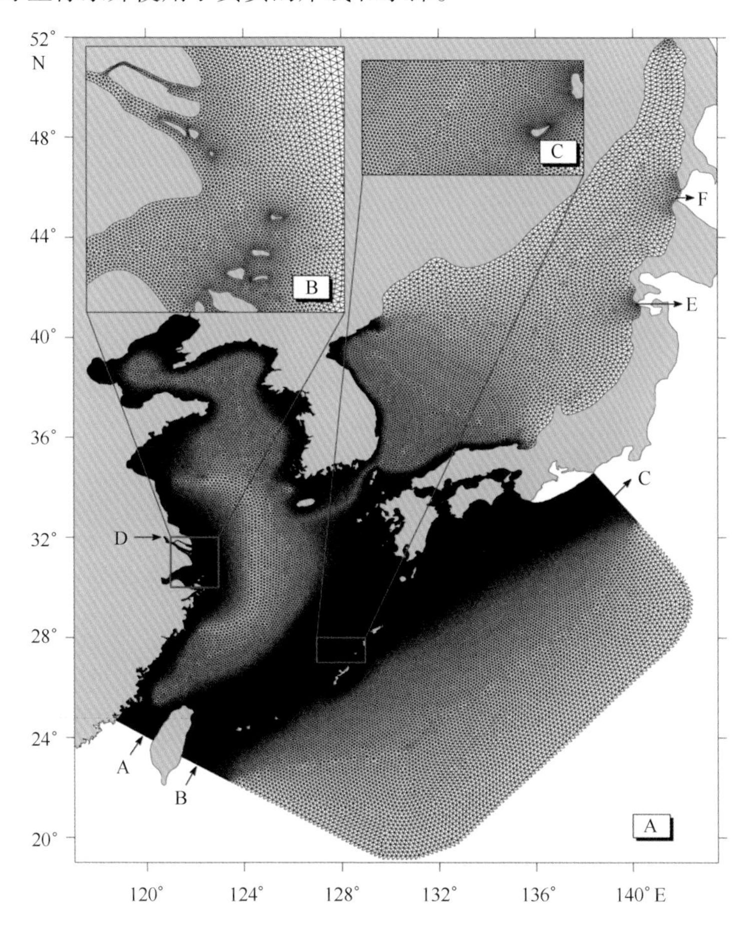

图 2-3　第二代网格（A）、长江口（B）和黑潮路径（C）上的放大图以及边界上入流和出流

（A：2.1Sv，B：27.5Sv，E：1.6Sv，F：1.1Sv，C=A+B+D-E-F，1Sv=10^6 m^3/s）

FVCOM-ECS 模型中垂向方向上分了 40 层，在第一代模型中采用的是西格玛分层方法，如图 2-4A 所示。该分层是相对垂向深度进行等比例分层的，所以在水平方向上深度是不统一的，在我们比较关注的上下表面，就会出现如果水深较深就不能提供足够的垂向精度的问题。在第二代模型中我们使用的 s 坐标（图 2-4B）分层能够弥补这个缺点，模型中在水深小于 80 m 的地方采用西格玛坐标分层，保证每层小于 2 m，甚至在水深小于 50 m 的河口区域，每层小于 1 m。在水深超过 80 m 地方采用了 s 坐标分层，即表层和底层各分出 5 层 2 m 等深的薄层，这种高垂直分辨率能在表层更加准确模拟和水深有关的如加热、降水、风等过程的影响（葛建忠，2010）。

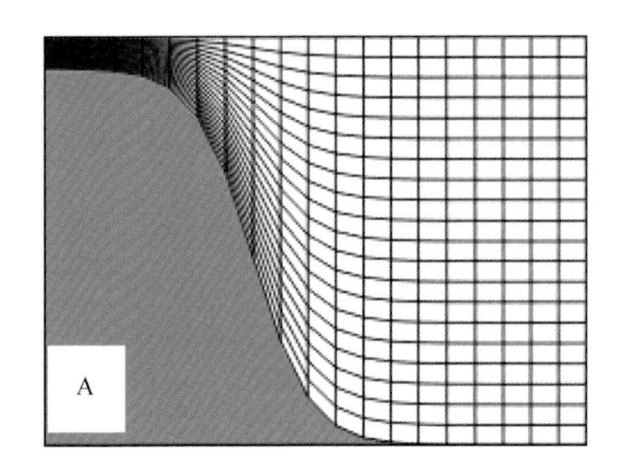

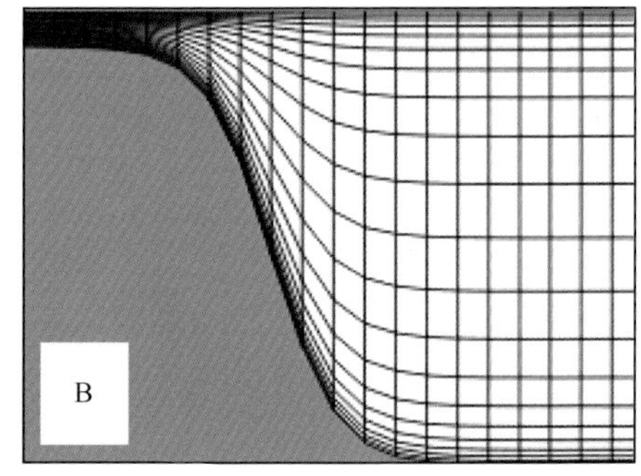

图 2-4　西格玛（A）和 s 坐标（B）分层示意图

（只画出 20 层，引自 http：//www. oceanmodeling. org/docs_ main. php？ page＝s-coordinate）

由于本研究的模拟时间较长，在利用 FVCOM 模拟物理场的过程中，出现了以下两个技术上的小问题。

第一个问题：FVCOM 模型中的 Mean Flow 子模块在设计时没有充分考虑模拟长时间跨度的问题，在源程序中对边界上的温度和盐度的加入一直是初始设定的温盐，不随模拟时间而相应地变化，这对短时间模拟（如 1 个月）不会对结果造成太大的影响，但对于本研究模拟长达 5 个月时间，如果在模拟的后期 7 月份，黑潮边界上的温盐还是模型初始的 3 月份的设定值，模拟结果肯定会出现较大的误差。

第二个问题：也是本研究的模拟时间较长，导致 Mean flow 的输入文件很大，高达 5 GB 多，原来的 FVCOM 设计也没有考虑此问题，即使在最新的 3.0 版本中，此文件仍然做成了文本格式，将会在模型初始化时，读入全部的数据，如果是并行计算，那么所有的节点中的每个 CPU 都会全部读入此文件，导致模型的初始化时间很长，另外更使集群节点宕机频发。

针对以上情况，本研究对FVCOM的Mean flow子模块程序进行了如下改写：首先将黑潮输入平均流由文本格式改进成netcdf（network common data form）格式。其次将原来的黑潮温盐由垂向不变改成了按西格玛（sigma）层分层加入，并按时间读入输入文件的netcdf格式数据，将黑潮边界的温盐由随时间不变改成了随时间变化，提高了后期的模拟精度，同时也解决了平均流输入文件太大导致的宕机并缩短了模拟运行时间。

2.1.3　模型设置

由于东海水深梯度的突变性，在原Chen等（2008）的FVCOM-ECS使用真实水深会使模型不稳定，在该模型中最大水深设定为800 m，即在水深超过800 m处用800 m来代替。葛建忠（2010）对该模型进行了修改，使该模型可以使用真实的水深地形。模型中的水深来源于ETOPO1，此数据分辨率为1′（图2-5A），但在中国沿海尤其是长江口附近精度太差，在这些海区，我们用海图上的水深代替了ETOPO1中的数据（来源见表2-1），可以达到5~20 m的精度（图2-5B）（葛建忠，2010）。

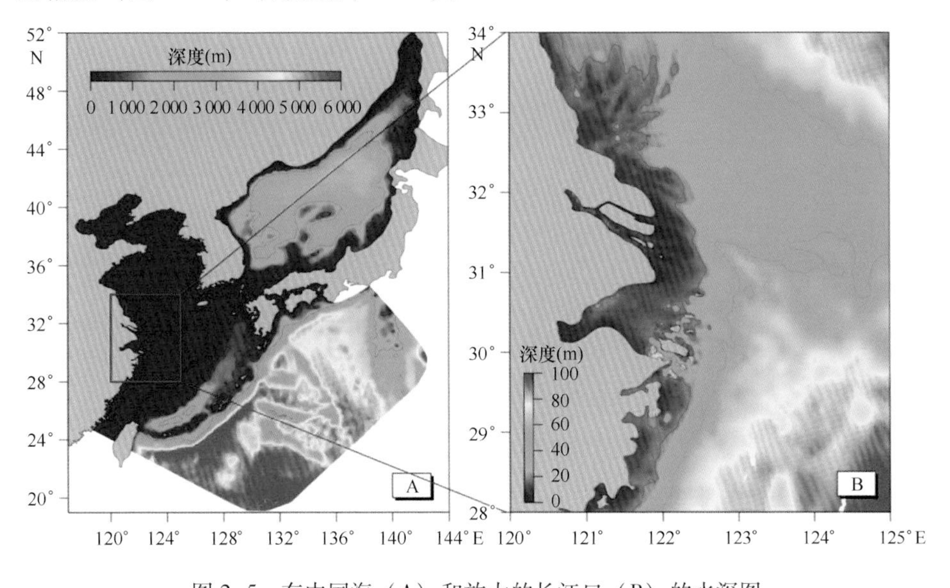

图2-5　东中国海（A）和放大的长江口（B）的水深图

该模型开边界上包括6个大的流量输运（图2-3）：台湾海峡流进2.1Sv

(1.0Sv = 10^6 m^3/s）的流量（A）；湾暖流边界流进 27.5 Sv 的流量（B）；日本东部大陆坡流出约 26.9 Sv 的流量（C），该处还起到主要平衡调节流量的作用；长江流入的流量（D），根据 50 年（1950—2000 年）月平均量进行设定（图 2-6）；津轻海峡流出 1.6Sv（E）；宗谷海峡（拉彼鲁兹海峡）流出 1.1Sv（F）。黑潮入流和出流垂直剖面的流量是基于历史的 ADCP 调查夏季平均值（Chen 等，1992）。本模式边界上用 8 个主要分潮（S2、M2、N2、K2、K1、P1、O1 和 Q1）来驱动，开边界上的潮汐调和系数来源见表 2-1。

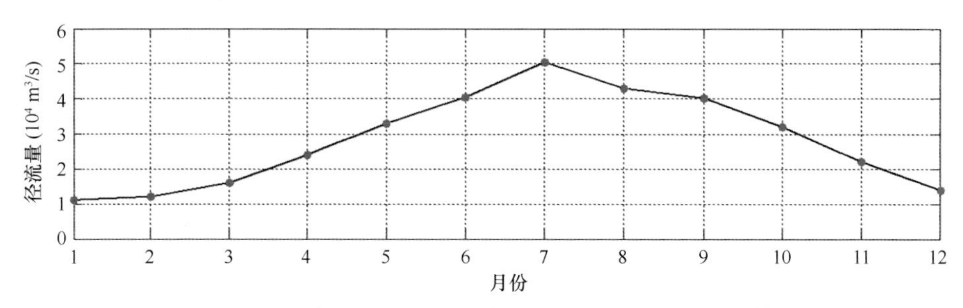

图 2-6　50 年（1950—2000 年）长江径流量的月平均值

初始温盐场采用 40 多年该区域的平均历史数据，制成了三维、10 km 分辨率的月平均场。模型初始场的温盐数据来源于 WOD09、KODC 和 NODC（表 2-1），其中 WOD09 是最主要的来源，该数据是经过了质量控制的全球海洋数据集，包含了从 19 世纪 20 年代以来的东海、黄海和渤海月平均数据。模型中对于斜压密度分布要求对初始场的温盐观测数据具有较高的分辨率（葛建忠，2010）。从图 2-7 中可以看出在 3 月份的 WOD 的观测站点几乎覆盖了整个计算区域，并在比较大的温盐梯度分布的日本海和黑潮区域有高密度分布，可以保证在这些区域或浅水陆架上插值的正确性。

表 2-1　物理模型中使用的数据来源

项目	数据源
岸线	http://www.ngdc.noaa.gov/mgg/coast/
水深	ETOPO1，www.ngdc.noaa.gov/mgg/global/global.html
调和系数	TPXO7.2，http://volkov.oce.orst.edu/tides/global.html
风场	http://dss.ucar.edu/datasets/ds744.4/data/
热力场	http://www.nodc.noaa.gov/
初始温盐场	WOD09（World Ocean Database 2009）、JODC（www.jodc.go.jp）、KODC（www.kodc.nfrdi.re.kr）

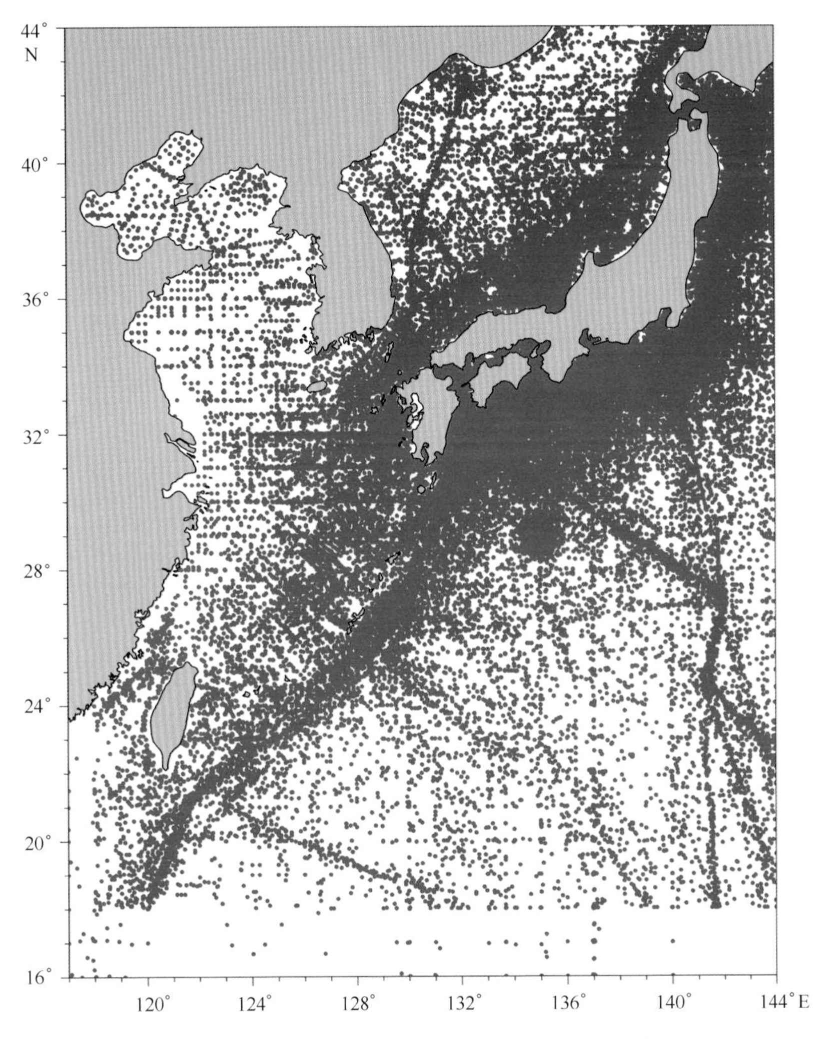

图 2-7　3 月份 WOD 09 上的观测站点分布图（引自葛建忠，2010）

在使用这些数据的时候对这些数据噪声的去除是十分重要的，具体包括地理上的选择和垂向密度控制，因为 FVCOM-ECS 中不会处理转动（Overturning）动力学，这个需要我们进行数据质量的控制，剔除那些不合理的观测数据（葛建忠，2010）。将温盐数据插值到模型的标准层上（standard vertical depth = 0，10，20，30，50，75，100，125，150，200，250，300，400，500，600，700，800，900，1 000，1 100，1 200，1 300，1 400，1 500，1 750，2 000，2 500，3 000，3 500，4 000，4 500，5 000 and 5 500）。图 2-8 显示了模型中插值使用的 3 月份初始场的表层温度和盐度分布，可以看出明显的黑潮暖流的形态，并且在长江口因为有大量的淡水注入东海，在该海域有明显的低盐度分布。

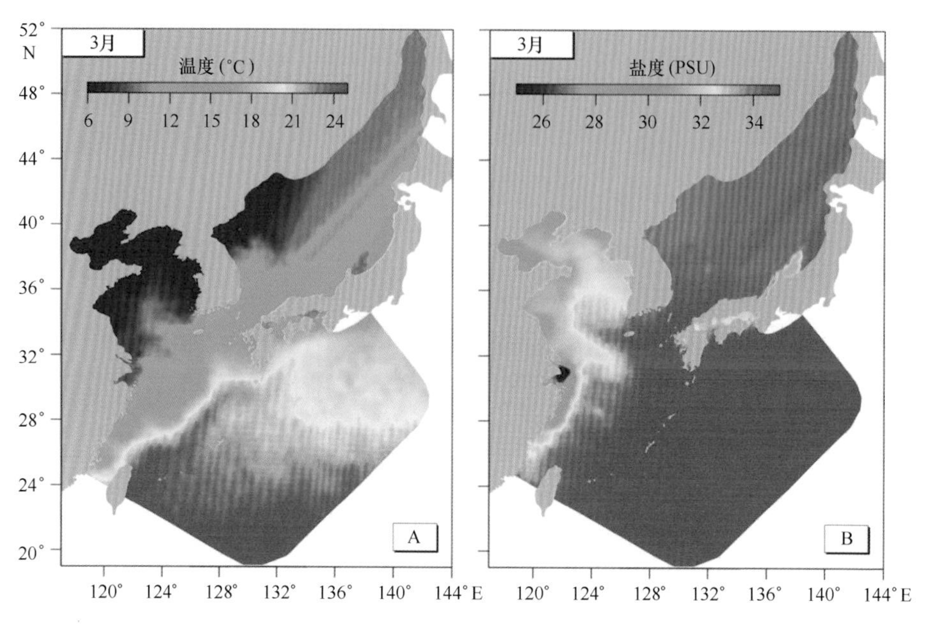

图 2-8 插值到 FVCOM 网格上 3 月份初始场表层温度（A）和盐度（B）分布

2.1.4 模型潮汐的验证

模型建好之后，通过对模拟结果的调和分析，对潮汐进行验证，图 2-9 是验证潮汐的 99 个观测站点，这些站位分布沿着日本、朝鲜、韩国和我国沿岸，基本上覆盖了整个模拟的区域。

图 2-10 是对东中国海影响最大的 M2 和 S2 分潮的模拟结果。结果表明，几乎与渤海、东黄海洋图集完全吻合，这说明 FVCOM-ECS 能够提供合理的模拟渤海、黄海、东海天文潮。主要的误差是因为在模型中设置了统一的底部粗糙度，按理应当按海底特性的不同设定为具有空间变化的底部粗糙度；另一个原因是韩国、朝鲜沿岸的水深数据可能不十分精确，因为有相当多的岛屿在韩国海岸，复杂的岛屿和海岸线要求高分辨率网格和准确的水深数据（葛建忠，2010），而这些区域不是我们研究中重点关注的海域，这些误差是在可接受的范围内。

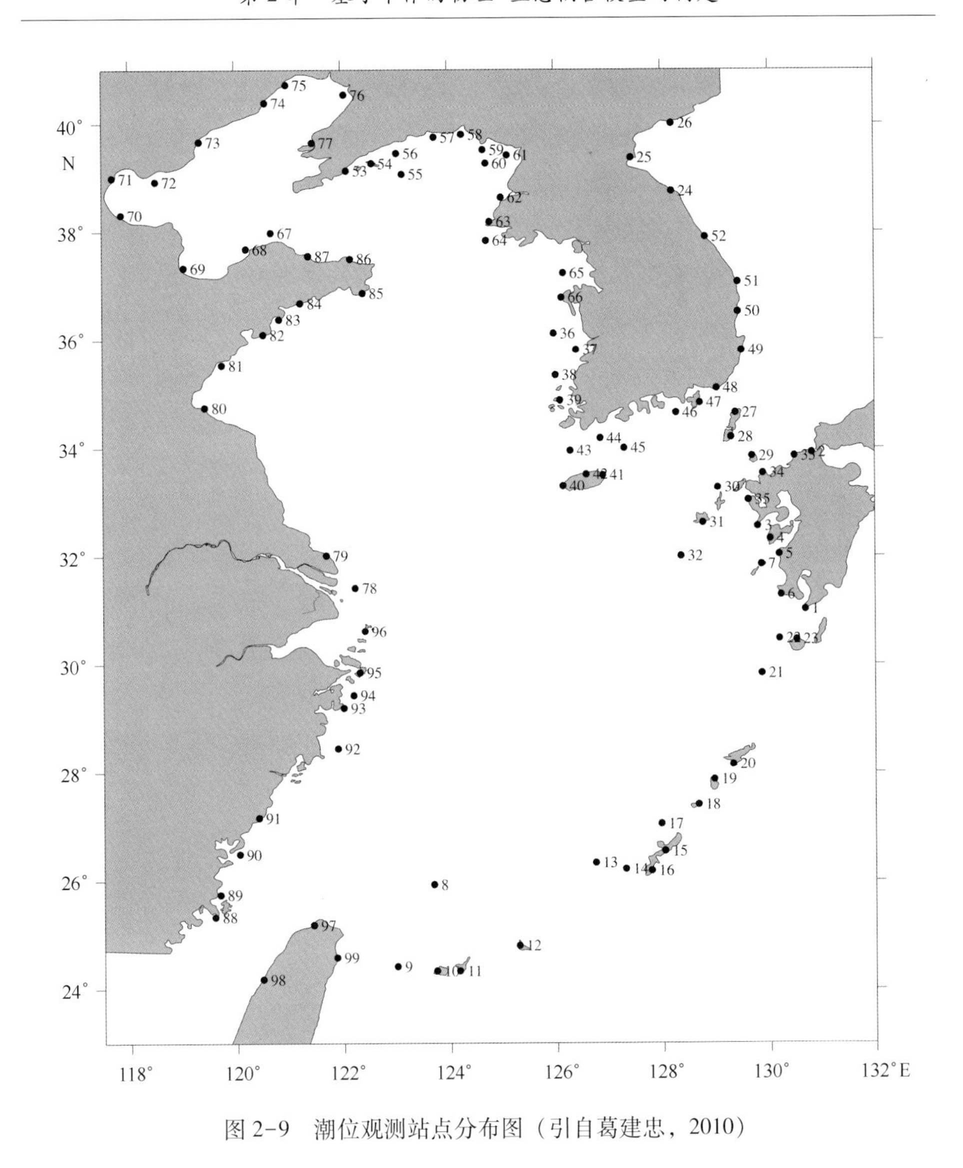

图 2-9　潮位观测站点分布图（引自葛建忠，2010）

2.1.5　物理场的模拟试验

本专著的研究主要需要两个物理场，一个是正常天气条件下的物理场，模型中采用的风场和热力场为多年气候平均场，模拟得到一个多年平均的物理场，来研究在正常气候条件下物理因素对鲐鱼鱼卵仔幼鱼总体的影响。另一个是在极端天气条件下的物理场，选取台风风场，热力场不变，来研究在极端气候条件下物理环境对鱼卵仔幼鱼的影响。

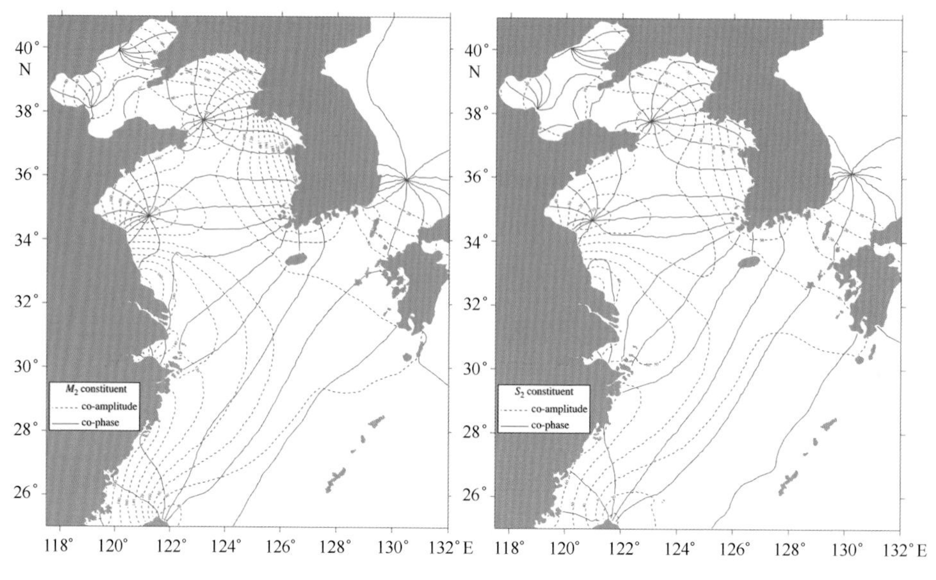

图 2-10 M2 和 S2 分潮的等振幅线（蓝点划线）和等迟角线（红线）（引自葛建忠，2010）

用来驱动模型的风场和热力场数据来源见表 2-1。风场时间序列为 2000—2008 年，间隔为 6 小时，空间分辨率为 0.25°。为了简洁，图 2-11 中只绘制了 3 月份和 7 月份的平均风场图。从图 2-11 中看出，3 月份东海北部以偏北风为主，平均风速可达 9～10 m/s，南部海区以东北风为主；7 月份东海北部以偏南风为主，南部为西南风，平均风速为 5～6 m/s。东海大风带位于浙江沿海、舟山群岛、台湾海峡附近。

热力场时间系列为 1977—2007 年，间隔为 24 h，空间分辨率也为 0.25°。为了方便起见，图 2-12 中只画了 3 月份和 7 月份的月平均热力场图。从图 2-12 中看出，东海海域在 3 月份除了东海西北部吸热外，绝大部分海域都是在放热，黑潮路径上放热最多。在 7 月份整个海域都在吸热，这是使海水温度不断升高的动因。为了更加清楚地说明问题，我们选取了 A（偏北，黄海）和 B（黑潮路径，东海）两点做了风场和热力场的时间序列曲线（图 2-13），可以清楚地看出黄海和东海风场和热力场随时间的变化情况，A 点从 3 月份到 7 月份一直都是吸热的，就说明 A 点水温应当一直在升温过程中，B 点 3—4 月份是放热的，如果没有外源的高温水流进，应当是水温降低的，但在 5—7 月份由于气温的升高，B 点开始吸热，水温由于加热开始升温。A 点的风向

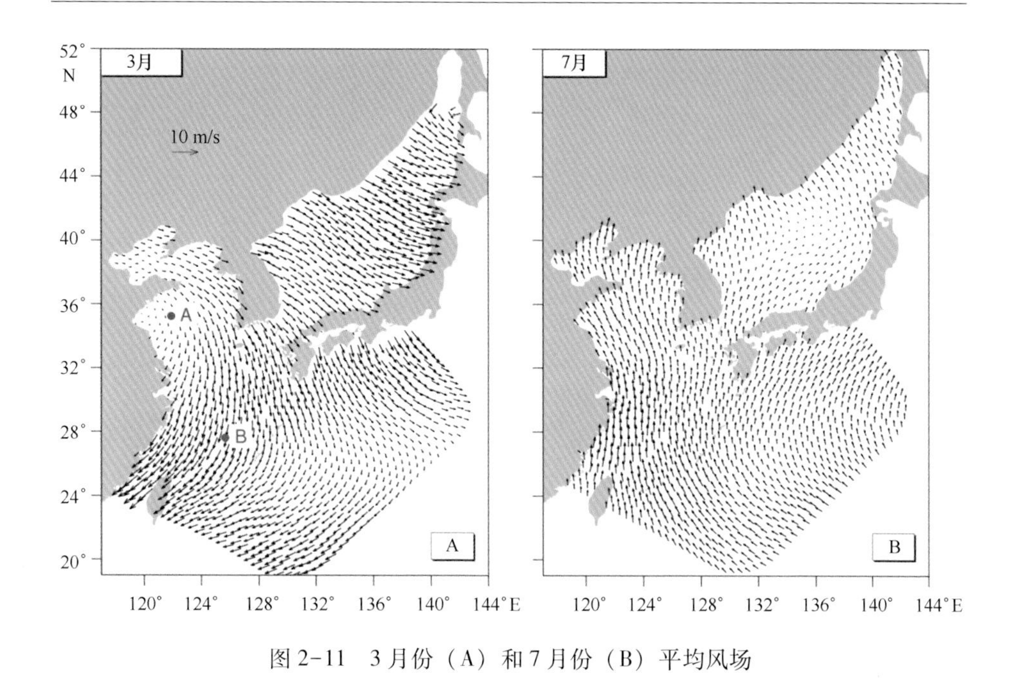

图2-11 3月份（A）和7月份（B）平均风场

由3月份的偏北为主逐渐变成6、7月份的西南为主。B点的风向在3—6月份一直是东北为主，到了6月中旬转成偏南为主，另外B点的平均风速要比靠近沿岸A点的风速要大一些。

另一个物理场要在台风风场下进行模拟，所以首先我们统计了从1949—2009年60年间在4—5月份期间通过东中国海的台风，通过统计发现在4—5月间在东海区，尤其是经过仔幼鱼输运路径的台风不是很多，一共发生过9次，经过分析可以将台风分成以下4个主要路径（图2-14）。其中路径Ⅲ是从南海过来再转向东北穿过整个东海最后进入太平洋，对鱼卵仔鱼的输运路径的影响应当是最大的，所以我们选取路径Ⅲ台风作为模拟的台风，该台风为Alice（1961），经过东海区的时间为5月18—21日。其次我们根据历史记录对该台风进行重建，模拟生成具有时间系列的台风风场，图2-14是模拟生成的该台风某个时刻的风速和气压情况，从图2-14中可以看到此时刻台风达到11级，最大风速达到28 m/s，近中心最低气压达到995 hPa。

物理模型外模使用6s，内模使用60s进行模拟，正常气候条件下，模拟期间为3月1日到7月30日，模型每隔一个小时输出netcdf格式的三维的物理场，包括驱动生物模型必需的流场、扩散系数、温盐场等，以及

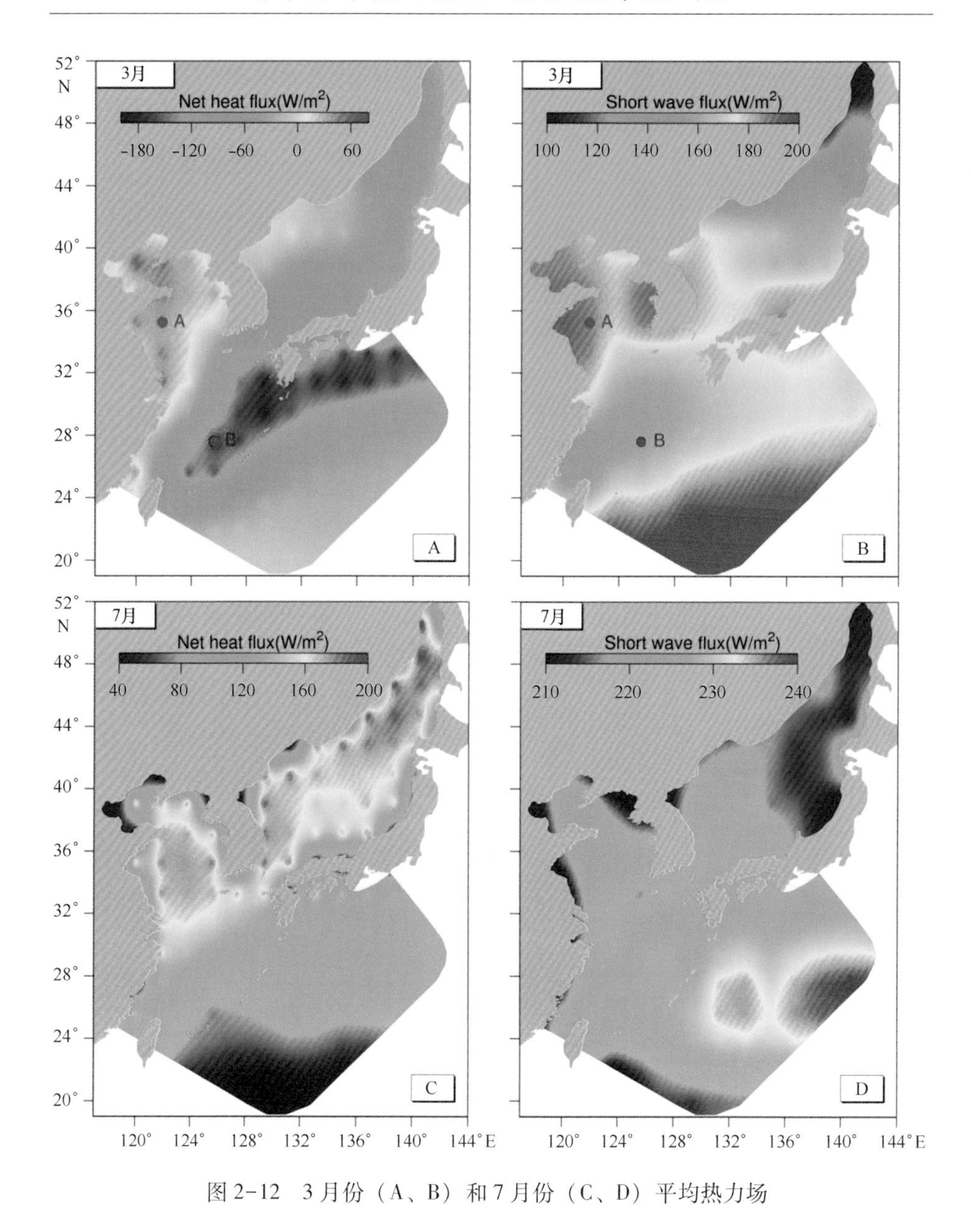

图 2-12 3 月份（A、B）和 7 月份（C、D）平均热力场

网格、水深等一些模型特征参数，并每隔 5 天输出模型的热启动文件。台风条件下，从台风开始最近的热启动文件启动模型，风场采用的是模拟生成的台风风场，其他模型设置条件不变，模拟到台风结束为止。

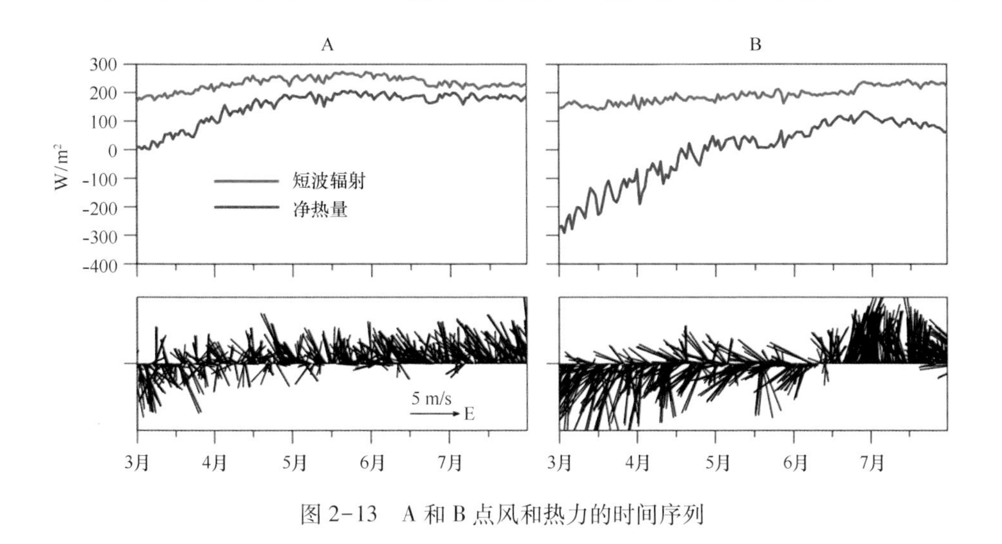

图 2-13 A 和 B 点风和热力的时间序列

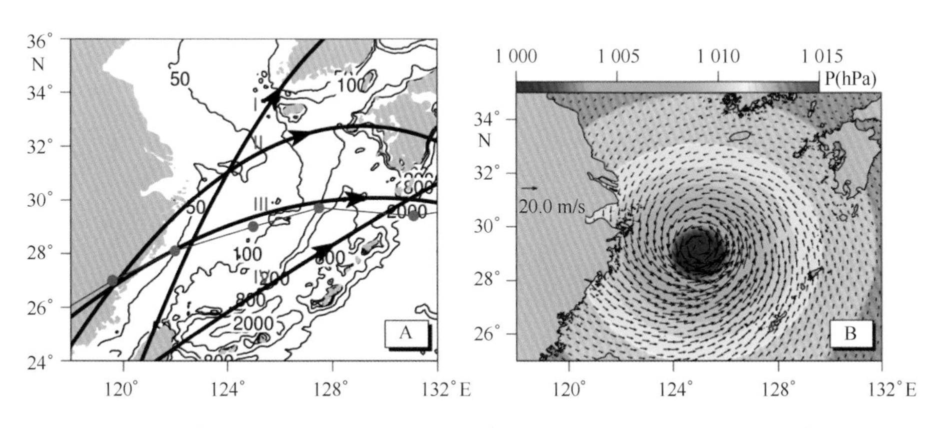

图 2-14 统计的 1949—2009 年 4—5 月份台风路径（A）蓝线是 Alice 的台风路径以及模拟的 Alice 某一时刻气压力和风速图（B）

2.2 生态模型

通过上面的介绍我们知道种群只是人们为了研究的方便的一种抽象认识，生物在实际的自然环境中是以个体形式存在，IBM 模型就是以个体为研究对象，较之传统的集合模型更接近于现实，能为人们逼近真实生态系统提供更大的研究空间。当然在现阶段，IBM 模型还有一些不足，如基础研究不足，数据缺乏，生物的许多生理过程不得不做大量的简化，其结果有时可能还不如集合模型（李向心，2007）。但随着 IBM 模型的完善，它就会逐步逼近真实，并且具有许多集合模型不具备的功能，使我们能够从中得到更多的信息，所以本专著选用 IBM 生物模型模拟鲐鱼早期生活史过程。

2.2.1 鲐鱼的基本生物学特征

日本鲐，属于鲈形目，鲭亚目，鲭科，鲭属，拉丁名：*Scomber japonicus*，英文名：Chub mackerel（图 2-15），又称日本鲭、白腹鲭（台湾），俗称鲐鲅鱼、花鳀、青占、青花鱼、油胴鱼等。体呈纺锤形，横断面近椭圆形，背部呈淡绿色，具有蓝黑色绿色不规则“Z”字形波状条纹，延伸至侧线以下，腹部银灰色，无或偶见蓝灰色斑点。日本鲐具有较强的游泳能力，能作远距离洄游，属沿岸中上层暖水性鱼类，有趋光性垂直移动现象。

图 2-15 日本鲐（*Scomber japonicus*）（引自官文江，2008）

根据日本鲐栖息的水域以及洄游规律，栖息在中国东海和日本海的鲐鱼包括两个群系，即对马暖流群系和东海群系（Yamada 等，1986；Watanabe 等，2000）。日本学者研究认为，分布在东、黄海及日本海的鲐鱼都同属一个群系，均称之为对马暖流群系（Tsushima current population）（Hiyama 等，2002；由上龍嗣等，2007）。

对马暖流群系鲐鱼的寿命为 6 年，产卵期通常在 3—5 月（由上龍嗣等，2007），分批产卵现象较为明显（张秋华等，2005），且产卵高峰期在夜间 22—24 点进行（Yamada 等，1998）。不同体长和海区的鱼体性成熟及怀卵量存在差异，亲鱼个体越大，性腺成熟越早。近年来研究表明，雌性鲐鱼 1 龄性成熟为 60%、2 龄为 80%、3 龄以上几乎全部产卵（由上龍嗣等，2008）；对马暖流种群鲐鱼个体怀卵量随着年龄的增加而增加，1 龄鱼

10 万~40 万粒，2 龄鱼 30 万~80 万粒，3 龄鱼 60 万~120 万粒，4 龄鱼 80 万~140 万粒（《东海、黄海主要水生资源的生物、生态特征——中日间见解和比较》，2001）。

鲐鱼卵为浮性、圆球形、透明无色，卵径在 0.95~1.25 mm 范围内，卵膜极薄，具有一个油球。鲐鱼鱼卵的发育速度很快，从受精到孵化，随水温增加，孵化时间减少。张孝威（1983）对黄渤海的鲐鱼鱼卵做了孵化试验，在水温 12℃时约 106 h（约 4 日半），水温 15℃时约 80 h，水温 20℃时仅 52 h 左右。Hunter 等（1980）在实验室做了日本鲐（*Scomber japonicus*）孵化试验，跟张孝威（1983）的结果差不多，在水温 14℃需要 117 h，在水温 19℃需要 56 h，23℃水温需要 33 h。

幼鱼阶段，鲐鱼生长十分迅速，刚孵化的鲐鱼仔鱼平均体长为 3.1 mm，在仔鱼最初几天生长缓慢，几乎呈线形增长，一直持续到体长到 6~7 mm 为止。初孵仔鱼十分幼弱，亦不能摄食，常常倒悬于水中，所以在自然情况下，仔鱼很容易受到环境和敌害的影响，死亡率很高。随后仔鱼开始出现相对高的代谢率和生长速度，并在接下来的两周内完成变态进入幼鱼生长阶段（Hunter 等，1980）。Watanabe（1970）将体长 15 mm 长到 55 mm 的鲐鱼定义为幼鱼，幼鱼长到 30 mm 时基本完成骨骼化（Hunter 等，1980；Watanabe，1970），其外部形态已与成鱼相似（图 2-16）。在生命中的第一年，鲐鱼体长的生长最快，尤其出生后半年生长非常迅速并以 6—8 月份生长率最高，最大体长的 1/3~2/3 都归功于第一年的生长，而随着年龄的增长，鲐鱼的生长速度逐渐下降（李纲等，2011）。

鲐鱼是一种趋光性鱼类，有昼夜垂直移动现象，栖息水层 0~300 m，常出现于 20~50 m 水层，冬季移向 100~150 m 深处越冬。常常结群到水面活动，在生殖季节中常结成更大群到水面活动，但是一天中起群的时间不定，常随水温高低而变化。

鲐鱼是洄游性鱼类，常集群进行生殖、索饵和越冬洄游。在太平洋、黄海、东海的日本鲐和澳洲鲐中除闽南—粤东沿海地方种群，因渔场常年水温与盐度均较高，无明显的越冬洄游外，其余种群均属近海中上层暖水性集群洄游的鱼种（《东海区渔业资源调查和区划》，1987）。图 2-17 是对马暖流种群鲐鱼的洄游分布图，该种群大多在黑潮流域内侧生活，每年春、夏季随黑潮暖流洄游北上，分别进入黄海和日本海，秋、冬季再南下洄游返回越冬场（《东海、黄海主要水生资源的生物、生态特征——中日间见解和比较》，2001）。

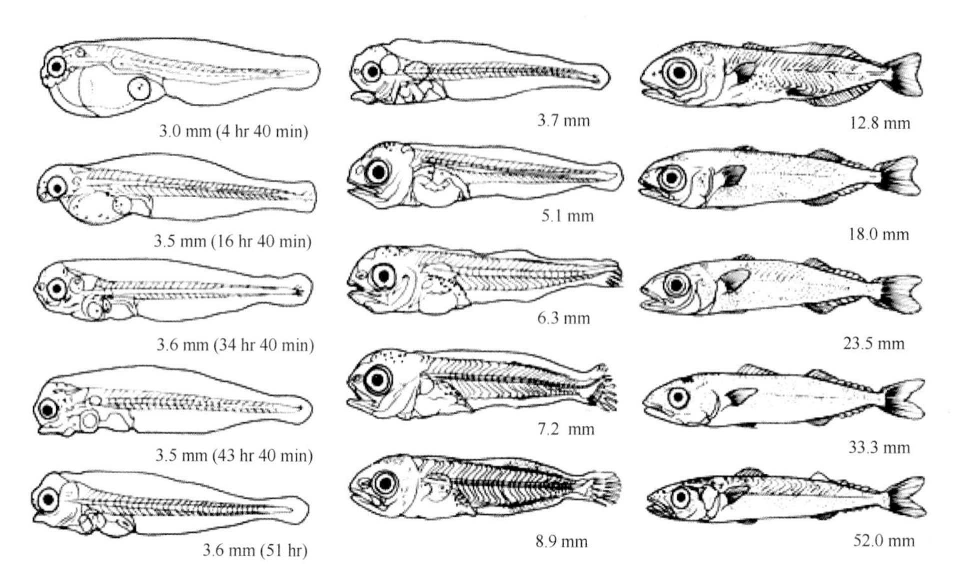

图 2-16 鲐鱼仔幼鱼期的发育（引自 Watanabe，1970）

2.2.2 产卵场、时间和水深

一般来说，小型中上层鱼类相对与它们广泛的洄游范围，通常在一年一次或多次在一个相对固定区域进行产卵（Mullon 等，2002）。这种现象认为是鱼类为了生存，鱼卵仔鱼阶段适应环境状况而进化的结果（Roy 等，1992）。

图 2-18 所示为对马暖流种群的渔场分布图，在东海最强流的黑潮和次强流的台湾暖流之间有一个流速较弱、流向偏东北的弱流区，从调查（由上龍嗣等，2008）和捕捞（Yukami 等，2009）数据推测出有一个最大的鲐鱼产卵场和输运路径就位于此海域，该产卵场处于台湾岛东北部东海大陆架斜坡涌升涡流区，该处地形地貌起伏变化很大，因地形自陆棚外缘 2 000 m 深的冲绳海槽沿大陆斜坡陡升至 200 m 水深以浅的东海大陆架的原因，在 80~90 m 以深的广阔大陆架坡地上形成了众多岛状隆起和沟壑地形，涌升进入的黑潮水体受其影响，形成明显的中、小尺度涡状环流，为生殖洄游的鱼群集聚提供了丰富的营养物质和饵料生物环境条件。在模型中我们设定 1×10^7 尾产卵亲体（由上龍嗣等，2008）在该产卵场以一定游泳速度随机游动并进行产卵。

春季由于受黑潮和台湾暖流的影响，该产卵场水温较高，鱼群洄游至此

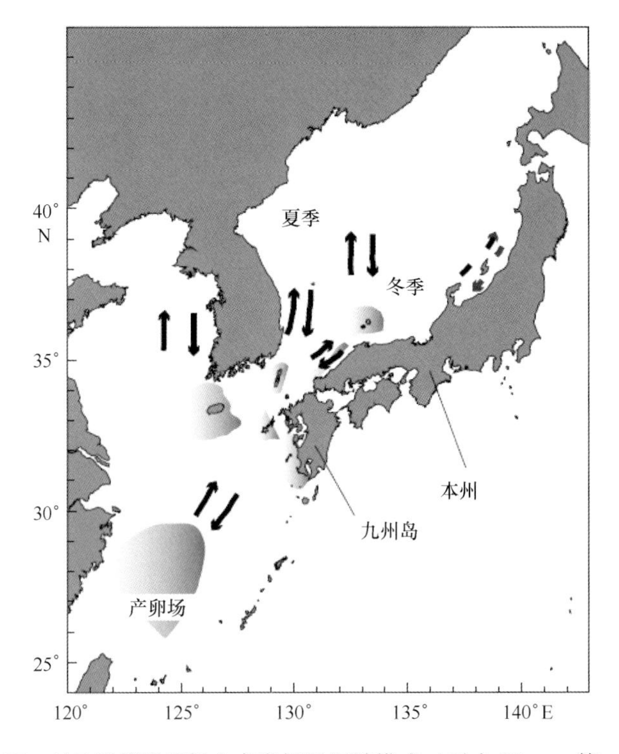

图 2-17　对马暖流群系鲐鱼产卵场及洄游模式（引自 Hiyama 等，2002）

并在该水域产卵。模型中鲐鱼的产卵期设定在 3—6 月份，即产卵开始于 3 月中旬，在 4 月初达到产卵高峰期，6 月份产卵基本结束（Yukami 等，2009）。自然情况下，鲐鱼鱼卵主要产在表层到 20 m 水深，主要分布 10 m 水深（张孝威，1983；Fritzsche，1978），模型中卵被设定产在 10 m 深水层的正态分布范围内（图 2-19）。

2.2.3　繁殖力

东海鲐鱼为分批产卵，在模型中我们设定大概每个产卵亲体在 36 d 里产 6.3 次，平均 5.7 d 产卵一次，共产约 55 万枚卵（Yamada 等，1998）。1 龄、2 龄和 3 龄以上鲐鱼的产卵概率为 60%、80%和 100%（由上龍嗣等，2008）。模型中每个产卵亲体分批产卵数是按正态分布公式（2-8）进行的（Tian，2009a），如图 2-20 所示。

$$F(x) = \int_{-\infty}^{x} \frac{1}{\sqrt{2\pi}\sigma} e^{-\frac{1}{2}x} \mathrm{d}x = \frac{1}{2}\left[1 + erf\left(\frac{x}{2}\right)\right] \qquad (2-8)$$

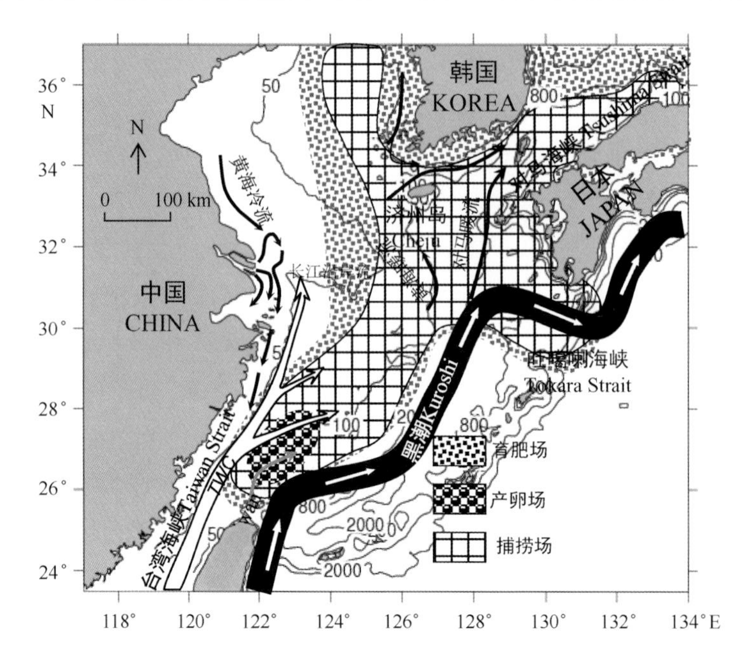

图 2-18 春、夏季东黄海流系和推测的对马群暖流群系鲐鱼渔场分布示意图

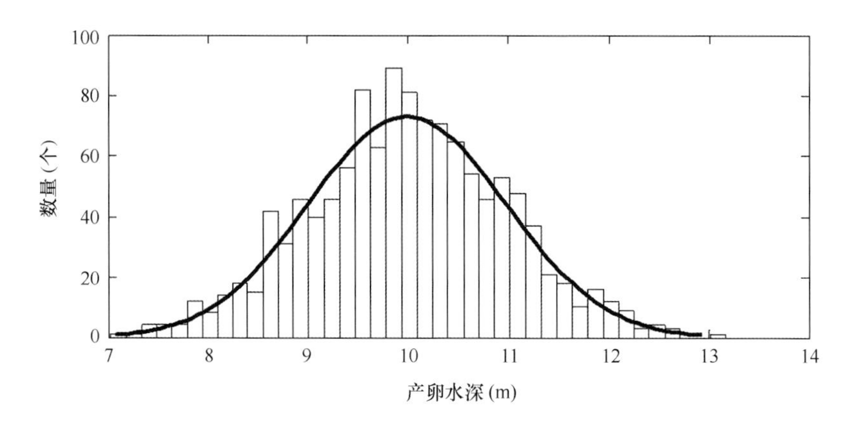

图 2-19 产卵深度分布频度

式中：$F(x)$ 为模型中正态分布函数；erf 为误差函数 $erf(x) = \frac{2}{\sqrt{\pi}}\int_0^x e^{-t^2}\mathrm{d}t$，$x = (t-t_m)/\sigma$。

因为我们要研究鱼卵仔鱼的数量和丰度分布的变化，又不可能对每个鱼卵都进行模拟，在模型中采用了超级个体的技术（Tian，2009a），每个超级

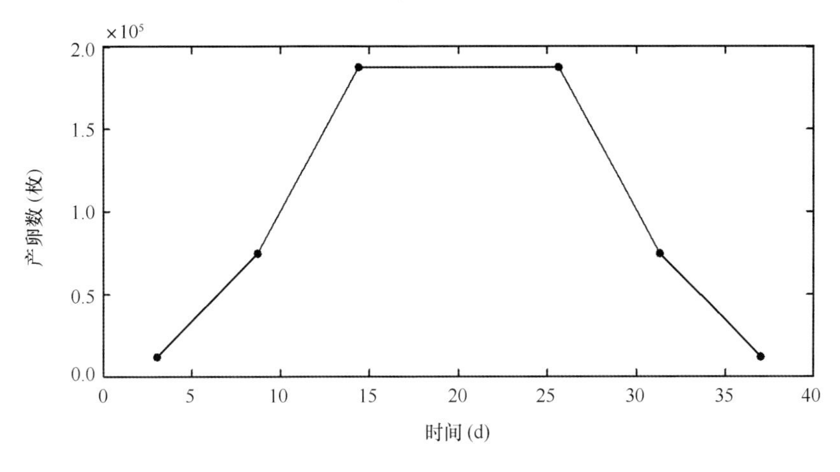

图 2-20　模型中分批产卵示图

个体实际上是代表一定数量的幼鱼，这个超级个体一直活着，随时间根据死亡率，包含的数量不断在减少，生物个体的死亡体现在超级个体代表的生物个体数的变化上，在计算中这个超级个体中所有的个体具有相同的属性（生长、死亡、漂移等）。在模型中超级个体的形成是根据公式（2-9）来计算的，当网格中产卵总数超过 10^9 枚，就产生一个超级个体，模型中一共产生了 1 165 个超级个体，共容纳了 2.17×10^{12} 枚卵，模型中超级个体的数量能够避免由于随机产卵产生初始位置分布不均的影响（Kasai 等，2008）。

$$P_i(n,\ t) = N_m S_e \int_{t_0}^{t} \frac{1}{\sqrt{2\pi}\sigma} e^{-\frac{1}{2}\left(\frac{t-t_m}{\sigma}\right)^2} \mathrm{d}t = N_m 5.5\times10^6 \int_{t_0}^{t} \frac{1}{\sqrt{2\pi}136} e^{-\frac{1}{2}\left(\frac{t-480}{136}\right)^2} \mathrm{d}t \tag{2-9}$$

式中：$P_i(n,\ t)$ 是 t 时刻个体 P_i 中卵的个数；N_m 是网格中产卵亲体的数量；S_e 是每个产卵亲体在一个产卵季节里产卵总数（550 000 枚）；t_0 是个体释放初始时间；t_m 是最大产卵时间 20 d（480 h）；σ 是产卵间隔 5.7 d（136 h），$\mathrm{d}t$ 是积分步长。

2.2.4　生长和死亡

根据鲐鱼早期的生长史，在模型中根据年龄或体长等发育特征将鲐鱼早期生长阶段（Hunter 等，1980；Fritzsche，1978）分为卵、仔鱼早期、仔鱼、幼鱼早期和幼鱼 5 个生长阶段（图 2-21，表 2-2），在模型中，设定鲐鱼早期生长阶段是与年龄或体长相关的，卵是从受精到孵化出来，仔鱼早期是从孵化到体长长到 6 mm，仔鱼阶段是从体长 6 mm 长到 15 mm，幼鱼早期是体长从 15 mm 长到 30 mm，幼鱼是体长 30 mm 以后的生长阶段。虽然在幼鱼的后期有一定的游泳能力，但当相对于周围的流场来说，鲐鱼仔幼鱼的游泳能力是微弱的，所以在本专著前期的研究中假设这 5 个生活阶段都是被动漂流的（第 4 章在模型中增加仔幼鱼游泳的能力）。

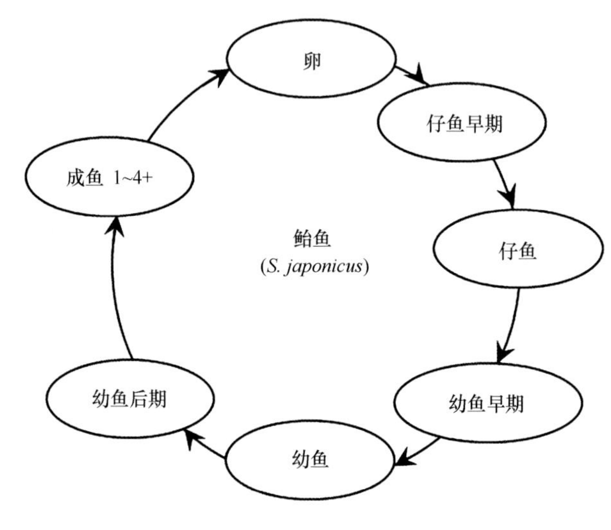

图 2-21 鲐鱼生长史图

在卵阶段，模型中采用了 Hunter 等（1980）做的鲐鱼（*Scomber Japonicus*）实验室孵化试验的公式（2-10），卵的孵化时间是水温的函数（Ricker，1954），孵化时间的范围是在 23℃需要 33 h，在 14℃需要 117 h（图 2-22）。在卵阶段的日死亡率设为定值 10%（Ricker，1954）。

$$H = 3\ 800e^{-6.68(1-e^{-0.0527T})} \tag{2-10}$$

卵依据水温，经过 2~4 d 后，被孵化成为约 3 mm 的仔鱼，在仔鱼早期阶段，仔鱼的生长依靠卵黄的供给，生长基本不受环境的影响，体长呈线性增长，在这个阶段会逐渐发育出背鳍和臀鳍（Fritzsche，1978）。在模型中设定该生长期限为 2/3 变态时间（约 15 d），并且体长生长到 6 mm（Hunter 等，1980）。模型中仔鱼的变态时间也是水温的函数（Hunter 等，1980）（公式（2-11））。仔鱼早期阶段生命很脆弱，受环境的影响很大，日死亡率高达 20%~40%（Bartsch 等，2004a）。

$$M\_\ days = 51.168 - 1.593T \tag{2-11}$$

在接下来的 1/3 变态时间是仔鱼生长阶段，在这个阶段仔鱼将快速生长

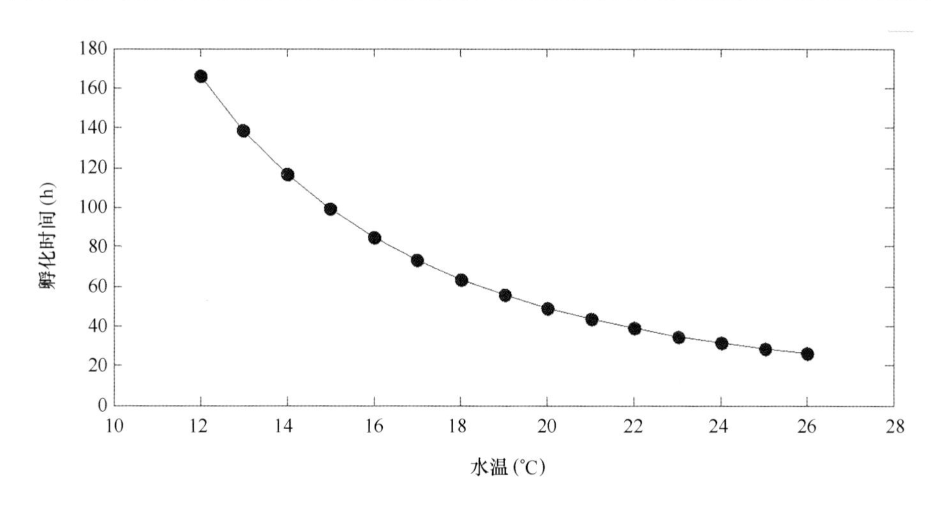

图 2-22　孵化时间与水温关系

到 15 mm，发育出第二背鳍和腹鳍，并完成了变态（Hunter 等，1980；Fritzsche，1978）。

仔鱼完成变态后就进入了幼鱼早期生长阶段。当体长生长到 30 mm 完成骨骼化后就进入到了幼鱼生长阶段（Fritzsche，1978）。在这两个生长阶段，体长的生长是按照对数来计算的（Bartsch 等，2004a），如公式（2-12）所示。在这一公式中，生长是温度和食物的函数，模型中设定最适合生长温度为 20℃（苗振清，1993），当仔幼鱼所处水温和最适合温度相差 10℃以上时，将停止生长发育。此外，死亡率与体长呈负相关，与生长率呈正相关（Bartsch 等，2004a），如公式（2-13）所示。

$$L = L_{\infty}(1 + \exp(-rt + c))^{-1} \quad r = (r_{opt} - d(T_{opt} - T)^2)F_i \qquad (2-12)$$

$$M = 5.0G^{0.7}/L^{1.3} \quad G = rL(1 - L/L_{\infty}) \qquad (2-13)$$

式中各符号含义见表 2-2。其中 F_i 为模型中食物指数 MFI（Model Food Index），详见下节。

表 2-2 生物模型中使用的生长、死亡参数和公式

生长阶段	时间（d）	体长（mm）	死亡率（% · d^{-1}）
卵	2~4（公式 2-3）	1	10
仔鱼早期	2/3 变态时间（公式（2-11）） 10~15	3~6（线性生长）	公式（2-13）
仔鱼	1/3 变态时间（公式（2-11）） 3~5 天	6~15（完成变态）	公式（2-13）
幼鱼早期	30 天	15~30（完成骨骼化），公式（2-12）	公式（2-13）
幼鱼	60 天	<130，公式（2-12）	公式（2-13）

1. $H = 3\ 800e^{-6.68(1-e^{-0.0527T})}$（2-10）式中 H 卵的孵化时间（h）；T 为卵所处水温（℃）。

2. $M = 51.168 - 1.593T$（2-11）式中 M 变态时间（d）；T 为仔鱼所处水温（℃）。

3. $L = L_{\infty}(1 + \exp(-rt + c))^{-1}$ $r = (r_{opt} - d(T_{opt} - T)^2)F_i$（2-12）式中 L 为体长；L_{∞} 为幼鱼阶段最大体长（=130 mm）；c 为常数；r_{opt} 为最大生长率（=0.118 5）；d 为常数（=0.000 75）；T_{opt} 为最适合生长温度（=20℃）；T 水温；F_i 为食物指数（MFI）。

4. $M = 5.0G^{0.7}/L^{1.3}$ $G = rL(1 - L/L_{\infty})$（2-13）式中 M 为日死亡率；G 为绝对生长率。

2.2.5 食物场

饵料是鱼类生长、发育和繁殖等生命活动的能量来源，是鱼类生存的物质基础，饵料生物量高区常是鱼类聚集比较多的海域。鲐鱼食性较广，无明显选择性，常随海域饵料生物优势种类的变化而变化，食物组成及摄食强度有明显季节变化，且随不同生长时期而不同，具有种内自相残杀特性（颜尤明，1997）。鲐鱼主要摄食浮游动物与小型鱼类，其中以桡足类、端足类等为主，其次有鲱形目和鲈形目的小型鱼类以及软体动物中的小乌贼等（张孝威，1983；颜尤明，1997）。

由于没有真实的食物场数据，模型中食物指数 MFI（Model Food Index，MFI）间接地来自于上升流指数（Coastal Upwelling Index，CUI），模型中这个指数的计算是来源于物理模型 FVCOM-ECS 中的垂向流速（w）。上升流指数可以间接地代表食物的富集程度，即上升流大的地方，就有很高的食物富集（Fur 等，2009），即使食物密度相同的情况下，湍流的增大也增加了幼鱼捕获食物的几率（Rothschild 等，1988）。

2.3 模型的耦合

物理和生物两模型之间是通过拉格朗日质点追踪的方法进行耦合，物理模型输出的物理环境场（欧拉）驱动质点在流场中漂移（拉格朗日），在漂移的过程中质点依据生物模型参数化将生物属性赋予质点，质点将转换成有生命的个体（Mullon等，2003），这些个体根据周围的物理环境进行生长发育（图2-23）。程序设计的基本流程为：①首先定义生物个体，把每一个超级个体赋予状态变量（体重、位置、年龄等）和行为规则（运动、生长、产卵、孵化、死亡等规则）；②再定义环境，将物理环境变量按时空要求读入程序；③做了生物个体和环境的定义后，生物和环境就可以在相互作用中共同发展变化；④最后将上述的变化过程做成循环。在每一次循环中，需要做的工作有：更新环境、利用个体的行为规则更新每一个个体的诸状态变量、做必要的统计和输出（Breckling等，2005）。

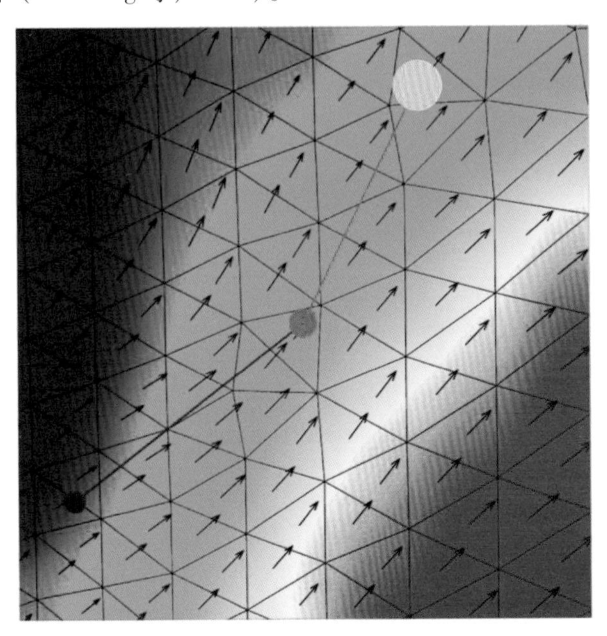

图2-23 物理-生物耦合模型示意图

本研究鲐鱼耦合模型IBM-CM（IBM for Chub Mackerel，IBM-CM）示意图如图2-24所示。物理模型FVCOM由潮汐、风、热力等动力来驱动，为生物模型提供基本的三维流场、温盐场以及湍流扩散系数场等。生物模型中主要通过参数化的方法来模拟鲐鱼的孵化、生长、死亡等。通过拉格朗日质点追踪方法的耦合，在鱼卵、仔幼鱼的漂移过程中，鲐鱼根据所在的环境进行生长、死亡等，模拟出鲐鱼鱼卵、仔幼鱼的输运过程以及丰度的分布等，最后通过分析和统计得到连通性和补充关系，为研究鲐鱼的资源变动提供基础。

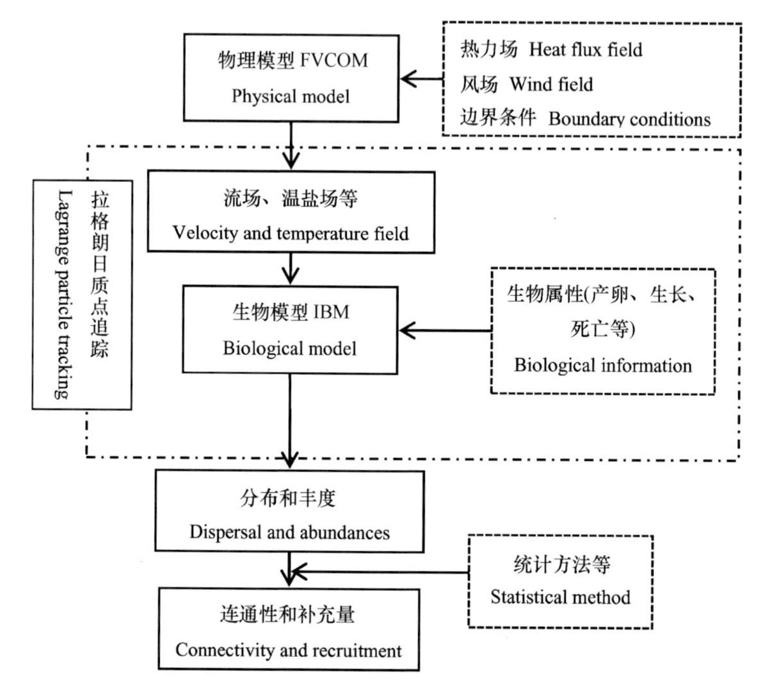

图 2-24　基于个体东海鲐鱼早期生态模型流程图

个体的运动主要包括了两个方面：一是物理方面，包括：①随海水的输运运动，利用质点轨迹跟踪方法来实现；②随机运动，与湍流水平和垂直扩散系数和计算中的时间步长有关。二是生物方面，包括：①个体自身的物理因素，如鱼卵和仔鱼的密度产生的浮力等；②个体自身运动，垂直和水平的游泳运动，以及昼夜垂直运动。在本专著的前期研究中，由于缺乏相关资料，只假设在整个模拟过程中鱼卵仔鱼都是被动漂移的，即只考虑了物理方面的影响，没有考虑生物因素产生的运动。

模型中超级个体的质点移动由拉格朗日质点追踪方法决定，包括三维流场引起的水平输运和湍流引起的垂向随机游走两部分组成，如公式（2-14）（Tian 等，2009a）所示：

$$P_n(\hat{x},\ t) = \int_{t-\Delta t}^{t} \hat{v}\mathrm{d}t + R(K_m) + P_n(\hat{x},\ t-\Delta t) \tag{2-14}$$

式中：$P_n(\hat{x},\ t)P_n(\hat{x}_{t-\Delta t},\ t-\Delta t)$ 是第 n 超级个体在 t 和 $t-\Delta t$ 时刻的位置；$\hat{v}$ 是三维流场，这是质点被动在水平漂移和垂向移动的主要动因，能够将个体带到适宜或不适宜生长环境中的主要因素，计算是根据改进的 4 阶龙格-库塔（Runge-Kutta）法进行离散和积分的（Chen 等，2003）；$R(K_m)$ 是垂向 Δt 间隔内随机游走的距离，由垂向扩散系数决定的，随机游走的方法是基于质点不相干运动，就是质点下一步运动的方向不依赖上一步，使个体在垂向位置上具有不确定性，垂向随机游走使用了 Visser（1997）的时间步长积分公式，超级个体在 δt 内垂向的随机游走位移公式为：

$$Z_{\hat{n}+1} = Z_{\hat{n}} + K'_m\delta t + r[2\sigma_Z^{-1}K_m(Z_{\hat{n}} + 0.5K'_m\delta t)\delta t]^{1/2} \tag{2-15}$$

式中：$\hat{n}$ 是随机游走在 $t-\Delta t$ 时间里计算次数；$K'_m = \delta K_m/\delta t$；$r$ 是随机数，一般在 -1 至 1 之间随机均匀分布，均值为 0；σ_Z 是 r 的标准方差，$\sigma_Z = 1/3$；为了避免不切实际个体的聚集，随机游走时间步长 δt 往往要比 Δt（拉格朗日时间步长）小很多（Chen 等，2003），在模型中设定 $\Delta t = 120$ s，$\delta t = 6$ s，所以 $R(K_m) = Z_{\hat{n}+20} - Z_{\hat{n}}$；$Z_{\hat{n}}$ 是超级个体在 $t-\Delta t$ 时间内的垂向位移。

耦合模型从 3 月中旬模拟到 7 月末，每隔 12 h 输出个体的特征变量以及所处的环境变量。

2.4　小结

（1）介绍了东海环流的基本特征，尤其对东海影响较大的黑潮、台湾暖流以及对马暖流进行了详细描述；介绍了 FVCOM 的基本物理公式和特点，对 FVCOM-ECS 模式的优点、分辨率以及边界驱动进行了详细说明和介绍。

（2）结合本研究模拟时间长的特点，将 FVCOM-ECS 模型进行了两方面的改进，一是将黑潮边界的温盐由随时间不变改成了随时间变化并按层分层加入；二是将平均流由文本格式读入改进成 netcdf 格式读入，提高了模型的可适用性。

（3）本研究对物理模型中水深、长江径流、初始温盐场等数据的来源、处理等进行了介绍，对多年风场和热力场进行了提取、分析和平均。分析并选择特定台风（Alice，1961）作为极端气候风场，模拟生成台风风场，并制成 FVCOM 输入文件。

（4）介绍了东海鲐鱼的基本生物学特征，在此基础上详细叙述了 IBM 的产卵、卵孵化、生长、死亡、食物等子模块的构建。模型中将鲐鱼鱼卵仔鱼生长阶段分为卵、仔鱼早期、仔鱼、幼鱼早期和幼鱼 5 个生长阶段，卵的孵化时间和变态时间是水温的函数，生长是温度和食物的函数，死亡率与体长呈负相关、与生长率呈正相关。模型中食物场是来自于上升流指数。

（5）东海区鲐鱼产卵场，被估计在东海的西南部海域，产卵期在 3—6 月份，卵被产在 10 m 深水层。东海鲐鱼分批产卵的，在模型中计算质点的形成采用了超级个体技术。

（6）模型中假设在整个模拟过程中鱼卵仔幼鱼都是被动漂移的，物理和生物两模型之间是通过拉格朗日质点追踪的方法进行耦合，包括三维流场引起的水平输运和湍流引起的垂向随机游走两部分组成。

总之，本章在物理海洋模型的基础上，结合鲐鱼的生活史过程和生活习性，通过创新与改进，科学构建了基于个体东海鲐鱼早期生活史的物理-生物模型，为后续的鲐鱼鱼卵仔鱼的输运、丰度分布以及联通关系的深入研究奠定了基础。

第3章 耦合模型模拟结果与分析

3.1 正常气候条件下物理场模拟结果

利用FVCOM在正常气候场下，模拟3—7月份东海物理场，得到逐小时输出的三维流场、温盐场以及湍流扩散系数等。从前面的介绍我们知道该区域主要以长江口和黑潮动力学为特征，黑潮和台湾暖流是影响和控制整个东海环流的两大主要流系。图3-1是由物理模型模拟出的3—7月份各月经过低通滤波处理得到的近表层的余流和温度场。从图中可以看到，该模型能很好地模拟并再现出东海主要流系的基本特征，为沿东海陆架坡朝东北流动的强西边界流黑潮和在广阔的陆架上朝东北流动的台湾暖流。大致以台湾岛北端和济州岛的连线为界，分为东西两部分，东侧为黑潮主干及其分支，西侧为台湾暖流和沿岸流。模拟结果显示黑潮路径与前面资料观测结果（图2-1）相吻合，为一直北上沿东海陆坡流动，流速大约1 m/s，并明显表现出是东海最强流，从台湾东部的苏澳—与那国之间的狭窄水道进入东中国海，主流向东北沿着陡峭的东海大陆坡（大致是200 m等深线），转向东南通过吐噶喇海峡流出东海，然后沿着日本海岸进入太平洋，黑潮的一个分支北上形成对马暖流的一部分。黑潮途径随地形有所变化，在其两侧会出现一些涡漩，在台湾东北部近海存在因黑潮冲上陆架形成的上升流低温分布。

台湾暖流是该海域的次强流，表现出东、北两分支结构，大致沿闽浙海岸由南往北平行于50 m等深线向东北方向流动，大约在29°30′~31°N向东转向（图3-1），也是对马暖流的主要来源。台湾暖流另一部分继续北上，其表层水能延伸至长江口附近。从前面的分析可知对马暖流是多源的，在日本九州的西南海域向北流经对马海峡和朝鲜海峡进入日本海。对马暖流在济州岛以南海域又分出一只海流，沿着济州岛南面的洼槽进入黄海，是黄海暖流。在黑潮和台湾暖流之间为流速较弱、流向偏东北的弱流区，鲐鱼的产卵场和

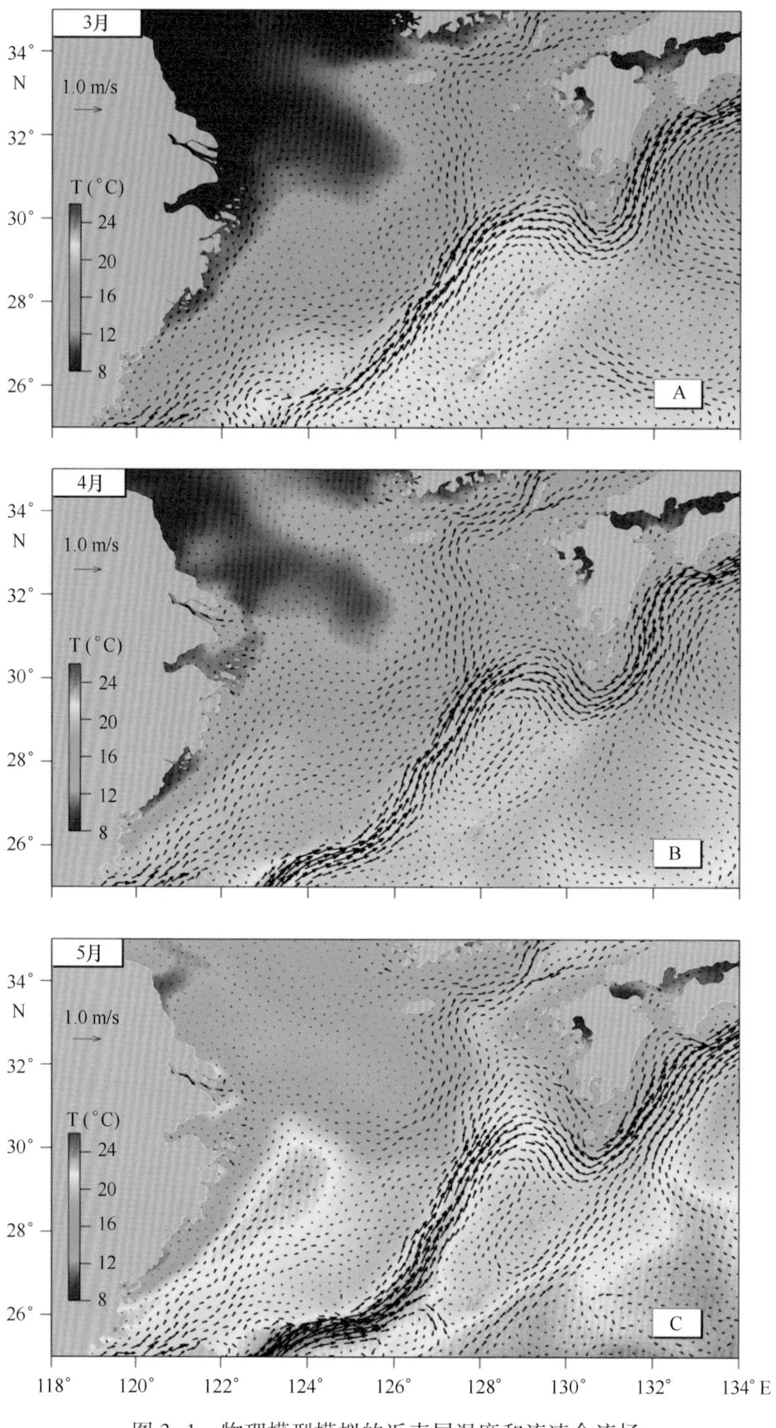

图 3-1 物理模型模拟的近表层温度和流速余流场

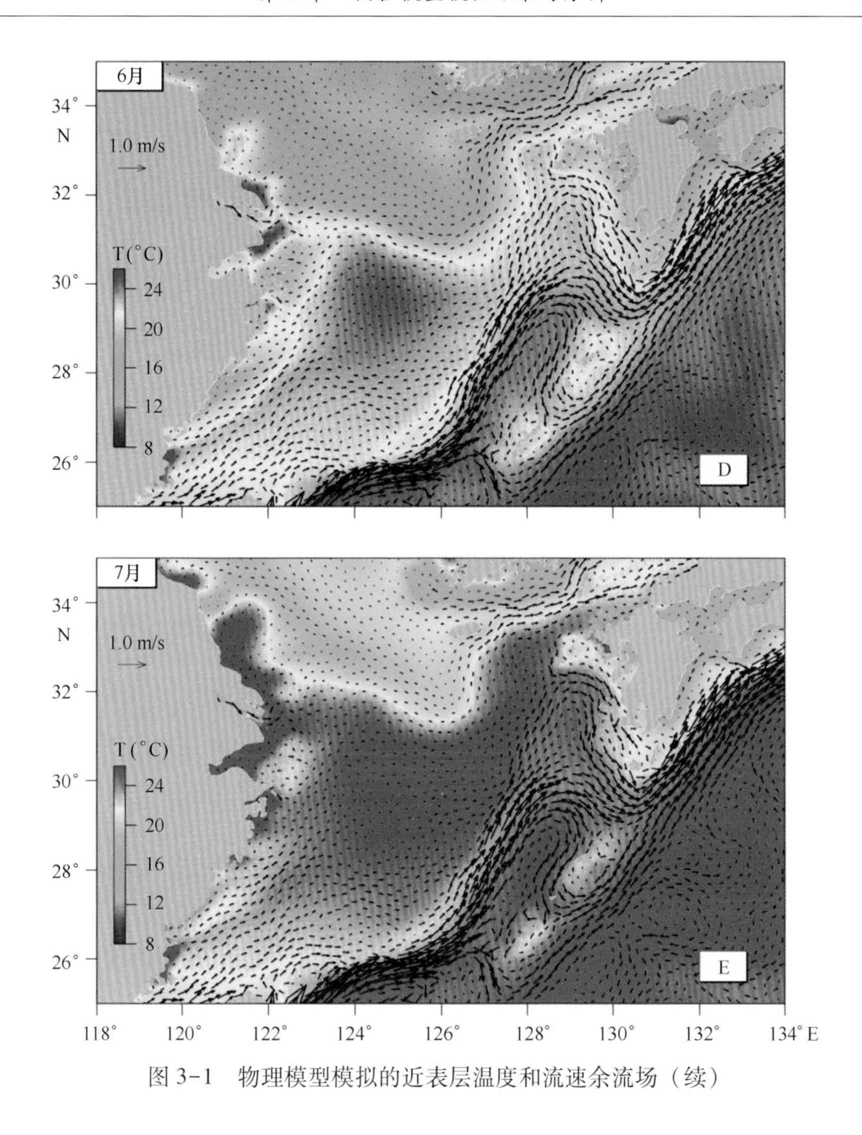

图 3-1　物理模型模拟的近表层温度和流速余流场（续）

主要输运路径就位于此区域，在该海域潮流基本呈顺时针方向旋转。在模拟的 3—7 月里，水温值由沿岸向外海，由北向南逐步升高，黑潮和台湾暖流的流速和温度随时间逐步加强。

物理场是开展物理-生物模型研究的基础，也是使 IBM 具有时空特性的必备条件。通过上面的分析，物理模型能够很好地再现东中国海环流，尤其是东海区的物理水文状况，这证明我们模型中物理场是合理可信的，为下一步驱动生物模型，模拟鱼卵仔鱼在三维物理环境中输运过程以及连通性研究奠定基础。

3.2 一维条件下生物模型的验证

3.2.1 温度、食物对生长的影响

众多研究表明，鲐鱼生长速度随季节变化而变化，温暖的月份生长速度快而寒冷的月份生长速度慢（李纲等，2011）。水温影响到鱼卵孵化、仔鱼变态的时间以及仔幼鱼的生长发育。我们分别选取了水温为16℃、20℃、24℃，在相同食物指数（MFI=0.7）条件下，进行生长试验。结果如图3-2所示。从图3-2可知，水温越高，完成孵化和变态时间越短，在不同的水温下鱼卵的孵化时间分别是3.52 d、1.81 d和1.31 d，仔鱼的变态时间是25.70 d、17.73 d和12.95 d。在生长的初期，水温为24℃的情况下其生长最快，但随着时间的推进，越接近最适生长水温（20℃）的21℃条件下，在仔鱼完成变态后生长最快。生长对水温比较敏感，幼鱼的体长在两个月达到了70 mm、90 mm和80 mm，最大相差20 mm。

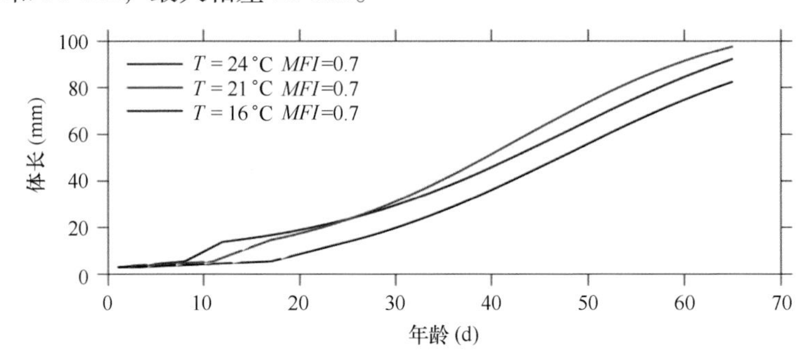

图3-2 相同食物指数不同温度下生长对比

生长不仅和水温有关，另外，食物对幼鱼的生长也是十分重要的。食物的分布在IBM-CM模型中是十分重要的，食物分布当是鲐鱼所捕食浮游生物的分布，可是我们不能获取相关的数据资料，在模型中只能用上升流指数来进行代替。根据公式（2-12），食物和生长是线性的关系（图3-3），在生长初期由于生长主要靠卵黄提供，存活的仔鱼生长基本相似，但在仔鱼后期，生长是与所处周围的食物正相关的，所以MFI越大，即食物越丰盛，鲐鱼仔幼鱼生长得越快。甚至在模拟的两个月后，体长可以相差2倍。

水温和食物在鲐鱼的早期生长中扮演了重要的角色，卵的孵化、变态、

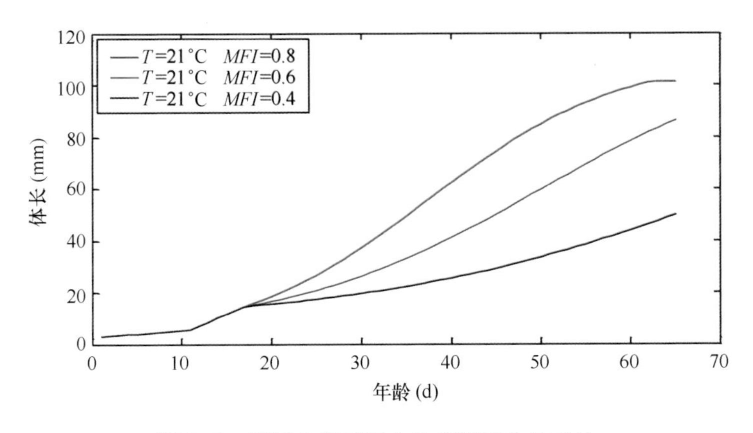

图 3-3　相同水温不同食物指数下生长对比

幼鱼的生长等都和水温有紧密的关系。总的来说，在 IBM-CM 模型中，鲐鱼生长与水温和食物相关，死亡率与绝对生长率和体长相关，所以死亡率也间接地与水温和食物相关。温度和食物将会最终影响鲐鱼的补充量。

3.2.2　模拟生长结果与资料的对比

我们对比了模拟结果（水温 $T=19$℃，$MFI=0.8$）和 Hunter 等（1980）饲养试验的数据（水温分别为 19.6℃和 16.8℃），结果显示（图 3-4），在鲐鱼的早期生长阶段（<25 天）模型中鲐鱼仔幼鱼的生长情况基本上和实验室中饲养的鲐鱼仔幼鱼生长是吻合的。

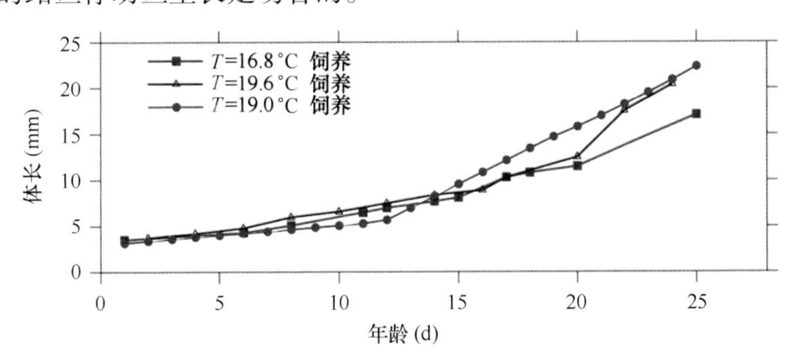

图 3-4　模拟和饲养下鲐鱼生长情况对比

接下来，我们又做了模拟生长结果（$T=19$℃，$MFI=0.8$）与韩国 Namhae 岛（Hwang 等，2005）和墨西哥加利福尼亚湾（Gluyas 等，1998）鲐鱼早期生长方程的对比。我们的模拟结果显示（图 3-5），在鲐鱼的早期生长阶段

(<65 d)，鲐鱼仔幼鱼的生长和自然环境中生物学测定的鲐鱼仔幼鱼生长情况基本上是相似的。

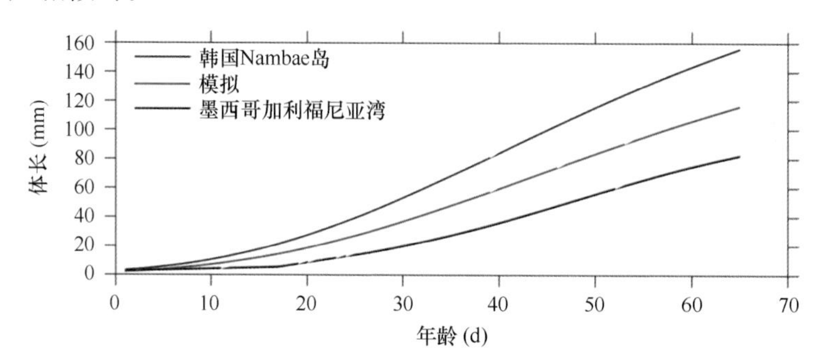

图 3-5 模拟和韩国、加里福利亚湾现场统计生长对比

Hwang 等（2005）的计算结果显示，韩国南部水域日龄为 35~40 d 的幼鲐平均生长速度为 2. 96 mm/d，在大约 35 d 时出现生长速度的峰值（3. 26 mm/d），随后生长速度开始下降，到 80~90 d 时生长速度下降到 0. 94 mm/d。在加利福尼亚湾，幼鲐最大生长速度为 1. 91 mm/d（Gluyas 等，1998）。图 3-6 中显示的为模型输出的仔幼鱼生长速度，平均生长速度为 1. 46 mm/d，最大生长速度发生在 40 d 左右，为 2. 41 mm/d，也基本上与调查结果相似。

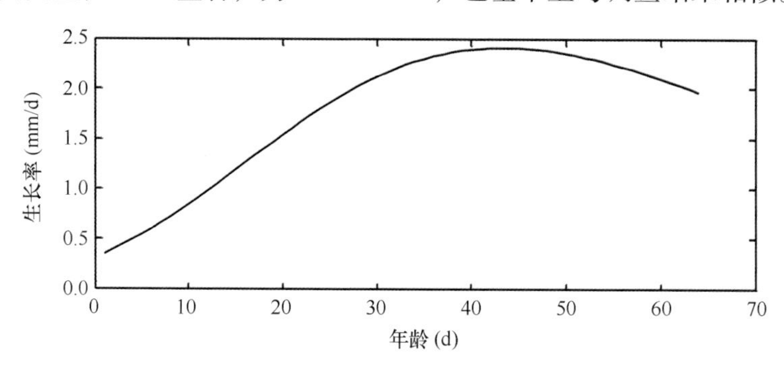

图 3-6 模型中仔幼鱼的生长速率

通过上面的对比验证，可以说明模型中的鲐鱼早期生长情况基本上与实验室饲养以及自然条件下鲐鱼的仔幼鱼生长基本上吻合。这证明我们模型中对鲐鱼早期生长进行的参数化是合理可信的，为下一步模拟鱼卵仔幼鱼在三维环境的输运过程中丰度分布以及补充量的定量研究奠定了基础。

3.3 正常气候场下仔幼鱼模拟

海洋生态系统动力学模型与物理模型一样具有强非线性的特性。在这个模拟中，物理场采用的是正常气候场下产生的物理场，主要是研究通常物理条件下鲐鱼鱼卵仔鱼的生长、输运以及分布的一般规律。

为了进一步分析和研究的方便，我们依据鱼卵仔鱼的漂移特征将产卵场分成了 A、B、C、D 4 个子区域（图 3-7），将育肥场划分成对马海峡、太平洋、济州岛、九州岛 4 个子区域（图 3-7）。

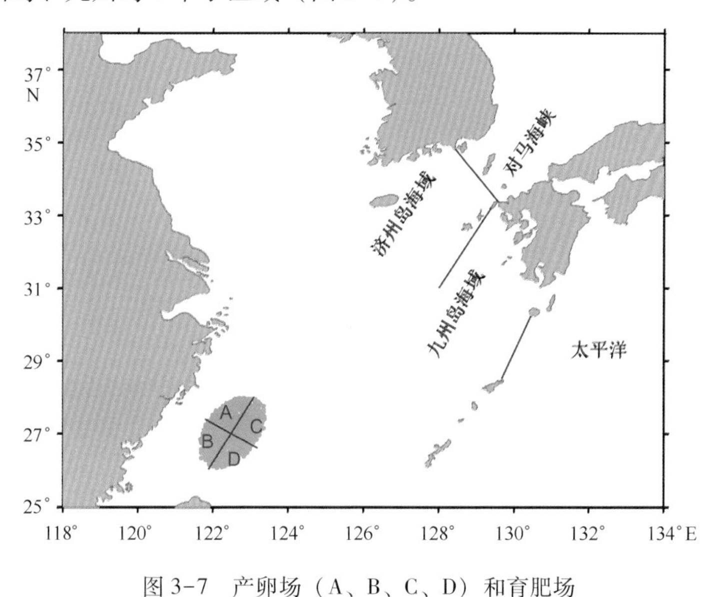

图 3-7　产卵场（A、B、C、D）和育肥场（济州岛、对马海峡、九州岛和太平洋）子区域的划分

3.3.1 输运和分布

图 3-8 为各月末时刻鱼卵仔幼鱼在东海陆架海域的分布情况，从图中可以看到，3 月随着水温的提高，鲐鱼亲体开始在推测的产卵场进行产卵。在 3 月末，大部分还处在鱼卵阶段，少部分鱼卵发育成了仔鱼早期。在此期间，鱼卵仔鱼分布于黑潮与台湾暖流之间，并开始缓慢向东北方向输送。

4 月份随着水温的进一步升高，迎来了产卵的高峰期，鱼卵仔鱼数量迅速增加；在 4 月末，最早出生的一批鱼卵已经发育成了幼鱼早期。在此期间，

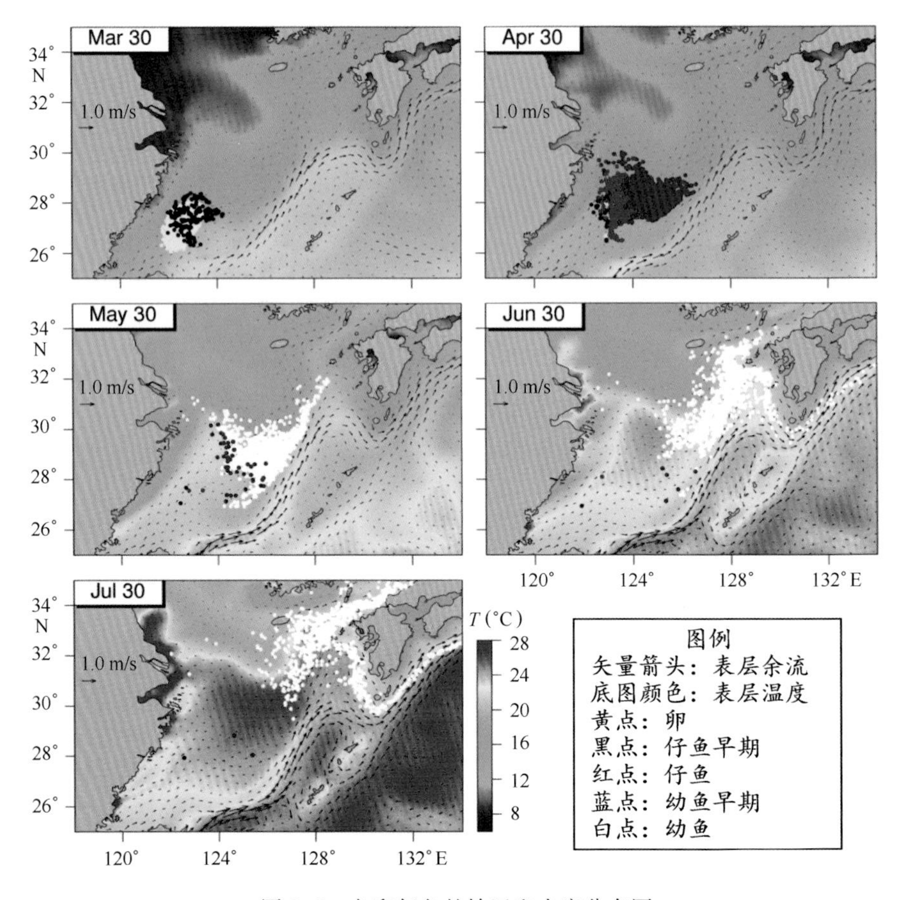

图 3-8 鱼卵仔鱼的输运和丰度分布图

鱼卵仔鱼在黑潮和台湾暖流的影响下逐渐分成两部分，一部分会随台湾暖流沿 50~100 m 等深线向偏北方向输送；另一部分随黑潮沿 100~200 m 等深线向东北方向输运。

5 月份水温继续升高，绝大部分鲐鱼产卵结束，产卵数量增加减少；在 5 月末，只有一小部分处在幼鱼早期阶段，大部分仔鱼都发育成了幼鱼。由于死亡的原因，数量减少，在此阶段一些仔幼鱼继续向偏北的舟山外海方向输运，有极少的已经被输运到了长江口和杭州湾附近海域；另一部分也继续向东北方向输运，最远的漂移到了五岛列岛西部海域。仔幼鱼绝大部分分布在 100~200 m 等深线之间，但由于黑潮的阻隔作用，鱼卵仔鱼很难冲破锋面阻隔进入或穿过黑潮。

6 月份水温继续升高，向北部输运那部分仔幼鱼也开始同其他鱼卵仔鱼一起沿着 100~200 m 等深线转向东北输运；6 月末绝大部分都发育成了幼鱼阶段。在此阶段大部分被输运到了东海东北部附近海域，只有极少数的仔幼鱼滞留在长江口和舟山外海。6 月中旬当幼鱼到达五岛列岛西南黑潮分叉点时，幼鱼被洋流分成了两部分，一部分被对马暖流带进了对马海峡（日本海）里面；另一部分经过九州岛西部海域被黑潮迅速带进了太平洋的日本东海岸。

7 月份海水温度继续升高，模拟也即将结束，此时幼鱼绝大部分都输运到了济州岛海域、对马海峡海域、九州岛西部海域和太平洋海域，一些由于受黑潮的挟持甚至已经漂出了计算区域，进入了日本太平洋以东海域。此时，东海其他海域内就很少见到由东海西南产卵场而来的鲐鱼鱼卵仔幼鱼，由此也可以说明，如果在此海域发现大量仔幼鱼，将存在其他产卵场的可能。

模拟的结果清楚地显示，鱼卵仔幼鱼的输运路径在黑潮、台湾暖流和对马暖流影响区域内，所以黑潮、台湾暖流和对马暖流决定的海洋物理环境控制着东海西南部产卵场的鱼卵仔鱼的输运。

综上所述，水平平流和垂向湍流控制着东海鲐鱼鱼卵仔鱼的输运，即流场、风场、温度以及湍流扩散等物理环境对鱼卵仔鱼的运输和分布起到很大的作用，即通过潮流直接将鲐鱼鱼卵仔鱼带到不同的育肥场，对该海域进行资源补充，再通过该海域的水温、食物等间接的影响鱼卵仔鱼的生长、死亡等。

图 3-9 是日本西海区水产研究所，通过调查推测的鲐鱼鱼卵仔幼鱼的输运示意图（由上龍嗣等，2008），图中显示推测的东海西南部的产卵场的鱼卵仔鱼是沿着台湾暖流和黑潮之间的弱流区向东北方向输运，当输运到达五岛列岛时，仔幼鱼被洋流分成了两部分，一部分被对马暖流带进了对马海峡里面；另一部分经过九州岛西部海域被黑潮带进了太平洋里。我们模型预测的鱼卵仔鱼的时空分布结果（图 3-8）和该推测输运路径和分布（图 3-9）基本吻合。这说明在正常气候场下产生的物理场，我们的模型能够对鲐鱼鱼卵仔鱼的输运路径进行很好地模拟，并验证了位于东海西南部的产卵场仔幼鱼是向东海东北部日本沿海进行输运的推测。

但也应当看到，由于中国东海的水文条件很复杂，表现出巨大的空间和时间差异，有些物理机制还不能模拟和确定，需要更高分辨率的物理模型和精确湍流模型的模拟。另外，在模拟中 5 个生长阶段一直是被动漂移，但后期由于逐渐增强的幼鱼自主游泳能力导致水平和垂向迁移会使在模拟精度和实际情况产生差异。

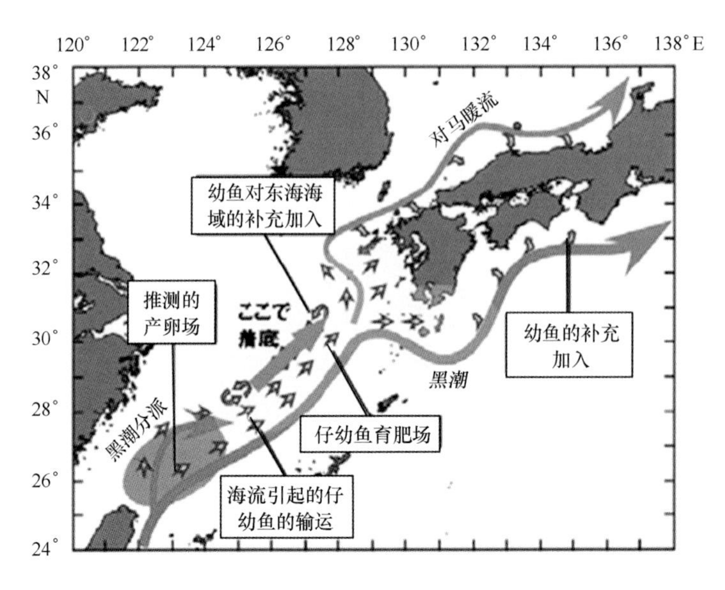

图 3-9 日本根据调查推测的对马种群仔幼鱼输运路径（引自由上龍嗣等，2008）

3.3.2 输运速度和滞留

因为在模型中设定鲐鱼早期没有游泳能力，在输运路径上的滞留时间的长短完全决定所处的物理环境，我们将输出的鱼卵仔幼鱼的 12 h 漂移位移进行平均（公式（3-1）），得到平均漂移速率，该速率基本上可以消除潮汐的周期运动带来的往复运动（M2 分潮的周期约为 12.42 h）的影响。

$$\bar{v}(i,\ t) = \frac{p(i,\ t+\Delta t) - p(i,\ t)}{\Delta t} \tag{3-1}$$

式中：$\bar{v}(i,\ t)$ 超级个体 i 在 t 时刻的漂移速率，$P(i,\ t+\Delta t)$ 、$P(i,\ t)$ 分别是超级个体 i 在 t 时刻和 $t+\Delta t$ 时刻的位置，Δt 是时间间隔（=12 h）。

这个平均速率的高低，能够代表和说明鱼卵仔幼鱼在输运过程中的滞留情况。速率大，说明鱼卵仔鱼将在该区域滞留的时间短；速率小，将会在该区域滞留很长时间。从图 3-10 中可以看出，在 3 月和 4 月末，因为整个鱼卵仔鱼位于台湾暖流和黑潮之间的弱流区，漂移速率比较低，但在靠近台湾暖流一侧由于受台湾暖流的影响，相对滞留速率较大，在此区域滞留较短的时间，会以较大的速率向偏北的舟山外海输运。在 5 月末由于黑潮的影响加大，在靠近黑潮一侧的鱼卵仔鱼的漂移速率明显较大，将会在此路径上滞留较短的时间并以很快的速度向东北方向输运，但在向偏北输运的舟山外海的仔幼鱼将会滞留相对长的时间。6 月和 7 月被黑潮带进太平洋的那部分仔幼鱼的输运速率很大，表明在此输运路径上的仔幼鱼不会滞留太长的时间，往往都以很高的速率向太平洋输运；而另一部分通过对马海峡输运进日本海的仔幼鱼也因为受对马暖流的影响而具有较高的输运速率，也会快速进入日本海海域。同时在舟山外海和五岛列岛沿岸等区域会有一些输运速率较小的个体，仔幼鱼将在此滞留较长的时间。

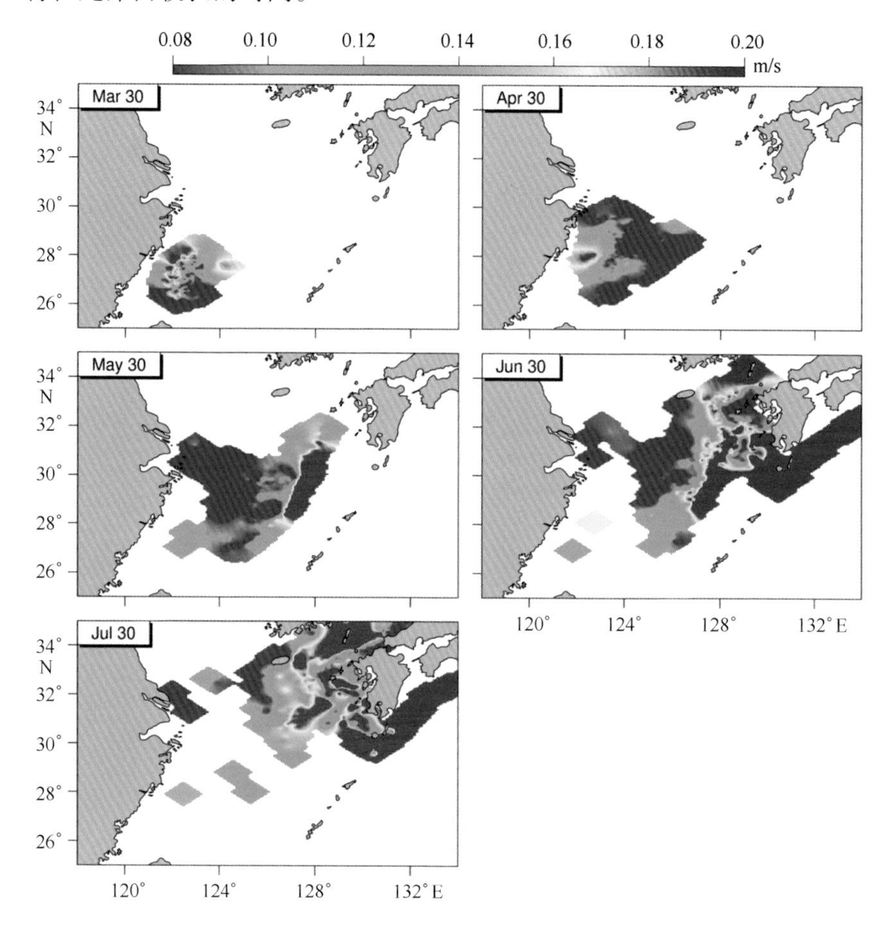

图 3-10　鱼卵仔鱼的输运速度分布

从以上模拟的分析结果清楚地显示：黑潮、台湾暖流和对马暖流决定的海洋物理环境控制着东海西南部产卵场的鱼卵仔鱼的输运速率以及滞留。

3.3.3　各育肥场仔幼鱼的比例

接下来我们分析不同时刻到达育肥场各部分仔幼鱼的数量比例情况。图 3-11 显示了随着时间的推进，从东海的南部产卵场被输运到东海东北部的仔幼鱼在 6 月末大部分被输运到济州岛（73.3%）和九州岛（22.6%）西部海域育肥场，而运输到对马海峡（0.5%）和太平洋（3.6%）海域的只占很小一部分。在 7 月中旬到达育肥场各部分仔幼鱼的数量比例有所变化，济州岛和九州岛海域的仔幼鱼因部分输送进了对马海峡和太平洋，比例有所下降，相反对马海峡和太平洋两处育肥场比例在增加。在 7 月末模拟结束时，这种变化在加大，济州岛占 46.3%，九州岛占 14.6%，太平洋占 19.6%，对马海峡占 19.5%。说明了仔幼鱼被大部分（2/3）输送到了济州岛和对马海峡的偏北海域育肥场，而输送到九州岛和太平洋偏南海域育肥场的只占了总数的 1/3。

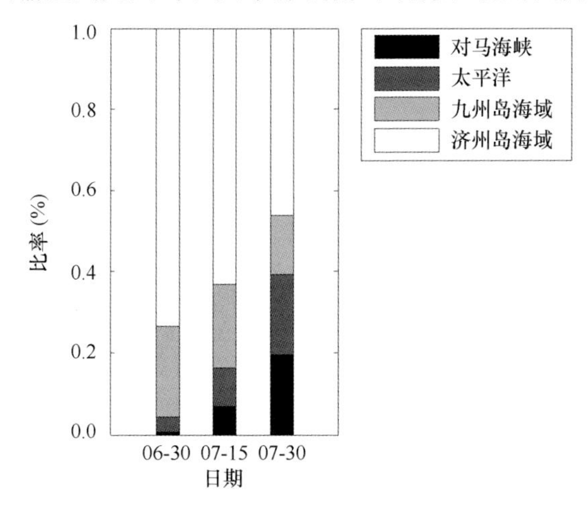

图 3-11　鲐鱼仔幼鱼随时间到达各育肥场的比例

3.3.4　丰度分布和死亡

从图 3-12 鲐鱼仔鱼丰度分布可以看到，随着时间的推移，因为鱼卵仔鱼死亡的关系，仔幼鱼的存活数量逐渐减少，黑潮的天然屏障限制了鱼卵仔鱼向太平洋内部输运，只能沿着大陆架从中国沿海向东北方向的日本沿海输运，在这样一个物理环境下，使在输运的主路径上有很高的丰度分布。

3 月份开始产卵，产卵场中鱼卵数量开始增加，在产卵场附近出现了高丰度的分布，由于时间的原因，总体分布趋势是沿着输运方向前低后高。4 月份，在此阶段，迎来了产卵的高峰期，鱼卵的总数急剧增加，由于有新的鱼卵仔鱼的不断补充，高丰度分布还是在输运的后端，并呈现了沿着漂移的方向丰度逐渐递减的趋势。5 月份，产卵基本结束，产卵总数增加不多，由于产卵和漂移，在向舟山外海偏北的输运路径上由于有较长的滞留时间（图 3-10），丰度会有比较大的分布。6 月末，产卵结束，产卵总数不再增加，模型中达到了产卵的最大数量 2.17×10^{12} 枚，由于漂移路径的后端得到产卵较晚的补充，丰度会有很大的分布，进入太平洋海域的仔幼鱼由于输运速率较大，滞留时间短，按理不应有较高的分布，但实际上却不是如此，原因就是输运速率大，同时到达此处的是时间较晚生成的超级个体，往往会容纳更多的个体，所以呈现丰度较大的分布，而不是完全受滞留时间的影响。而在济州岛和对马海峡海域出现个别输运速率小的区域有高的分布外，其他的大部分区域丰度分布相对较小，但九州海域分割点处却有相对较高的丰度分布。7 月份虽然在漂移路径的后端有几块丰度较大的斑块，但那是产卵后期形成的为数不多的几个超级个体造成的，在九州海域有相对高的丰度分布。

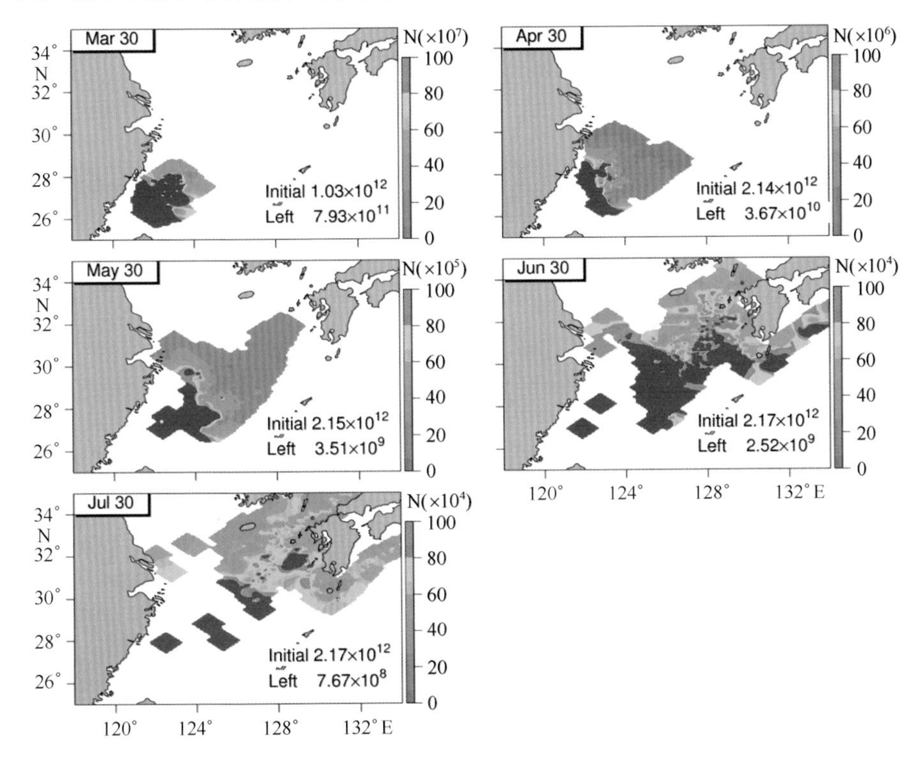

图 3-12　鱼卵仔鱼的丰度分布

图 3-13 是 2007 年 6 月份东海水产研究所的鲐鱼仔鱼的调查。结果显示，较高的仔幼鱼的丰度分布和模拟结果在 6 月份九州西南海域有很高的鲐鱼仔幼鱼数量分布基本吻合，说明我们的模型模拟的鱼卵仔鱼的丰度分布的趋势应当是可信的。但需要指出的是，模拟结果和渔业调查结果在绝对值数值上可能存在差异，但是在空间分布趋势以及出现比例方面应当比较接近。

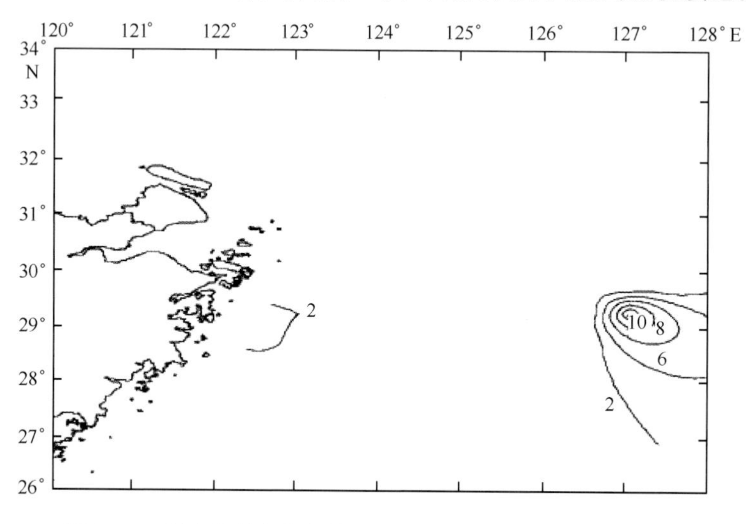

图 3-13　调查的鲐鱼仔鱼数量平面分布（引自蒋玫等，2007）

鱼卵和仔幼鱼的存活和数量是鱼类资源补充和渔业资源持续利用的基础，该模拟获得的仔幼鱼时空丰度分布，可为今后对高密度幼鱼资源区进行分时分区进行资源养护提供指导作用。

但也应当看到，在我们的生物模型中对一些生物过程进行了简化，如将卵的死亡率设为定值，其他生长阶段的死亡率没有考虑被捕食和生物斑块密度之间的关系，一些参数和系数简单地来源于试验和经验，跟海洋环境中实际情况会有很大误差。另外，在模型中使用上升流指数来代替食物场，忽略了平流和混合对食物场的影响，这些都会对鱼卵仔鱼的丰度模拟结果产生影响。

3.3.5　仔幼鱼生长和物理环境关系

图 3-14 显示了在各月末仔幼鱼的体长分布情况。由于鲐鱼母体分批产卵、分批成熟导致的漂移时间和所处物理环境的不同，导致仔幼鱼的体长是不相同的。3 月末由于刚开始产卵不久，绝大部分仔鱼处于孵化初期的 3 mm。

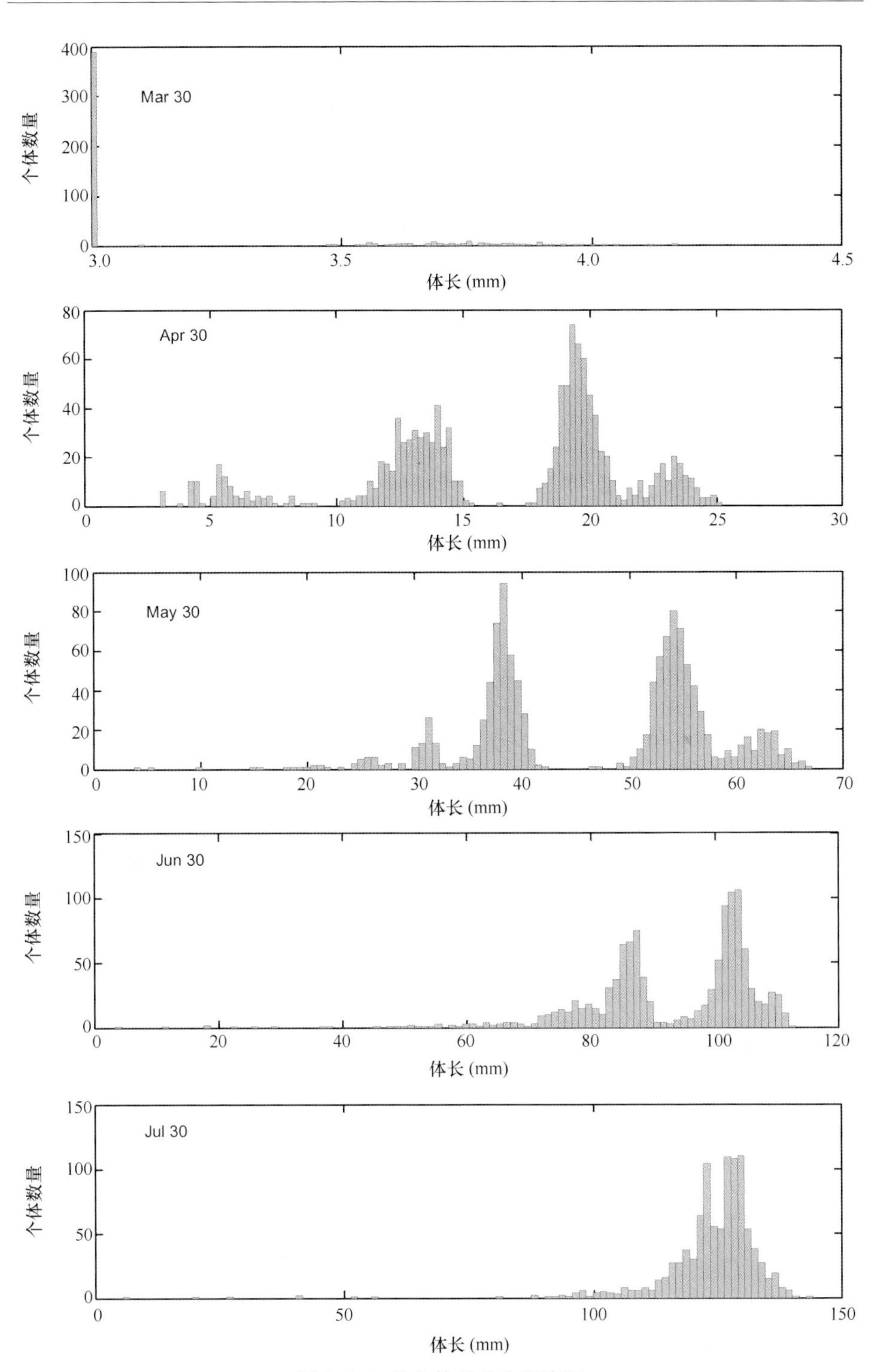

图 3-14　鲐鱼体长分布频率图

在4月末由于鲐鱼母体分批产卵的原因，仔幼鱼的体长分布频率会出现几个高聚集区，大部分仔鱼达到了13 mm和20 mm两个范围。5月份仔幼鱼进一步发育，大部分幼鱼的体长在40 mm和55 mm两个区间里。6月份仔幼鱼继续发育，大部分幼鱼的体长在90 mm和110 mm两个区间里。7月份仔幼鱼进一步发育，但增长放慢，分批产卵对体长的影响也逐渐不明显，大部分幼鱼的体长在120 mm区间里。

以上的体长频度分析只能反映仔幼鱼随时间的生长总体概况，由于鲐鱼产卵在时间、空间上的差异，导致仔幼鱼在输运途径上的生活环境的差异。图3-15显示了输运到不同育肥场的鱼卵仔幼鱼平均体长生长情况，可以看出在生长的最初期生长基本上都一样（<20 d），但随着时间的推移，生长有所差异，但差异不大。输运到对马海峡个体的生长一直是4个育肥场中最好的，另外3个育肥场的生长发育基本上没有太大的差异，如果以生长为评判条件为4个育肥场排序，对马海峡>济州岛>九州海域>太平洋，即对马海峡育肥场应当是4个育肥场中最佳育肥场，输运到此育肥场中的仔幼鱼将会得到更加有利的生长和发育。

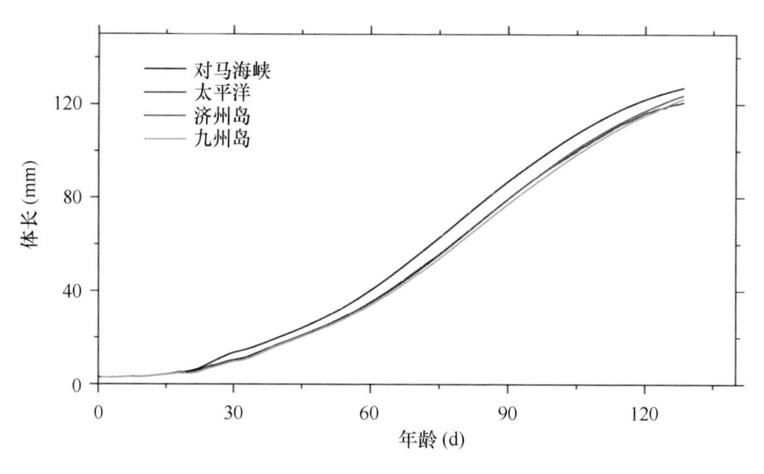

图3-15 个体在不同育肥场生长对比情况

为什么输运到不同的育肥场的仔幼鱼生长会有所差异？接下来我们对4个育肥场的物理环境进行统计分析。图3-16中显示各个育肥场中不同时刻仔幼鱼所处的平均水深和水温情况，从图中可以看出，所处的平均水深有差异，尤其由于太平洋海域部分育肥场湍流比较强烈，任何时刻仔鱼所处的平均水深都比其他3个部分育肥场要深。在7月末，平均所处水深深达400 m多，但由于黑潮的高温、高盐特性，平均水温并不是最低的（图 3-16），所以进入太平洋海域育肥场的仔幼鱼虽然所处水深较深，由于模型中生长和水温的相关性，基本上也能很好地生长，这也是为什么生长差异不大的原因。

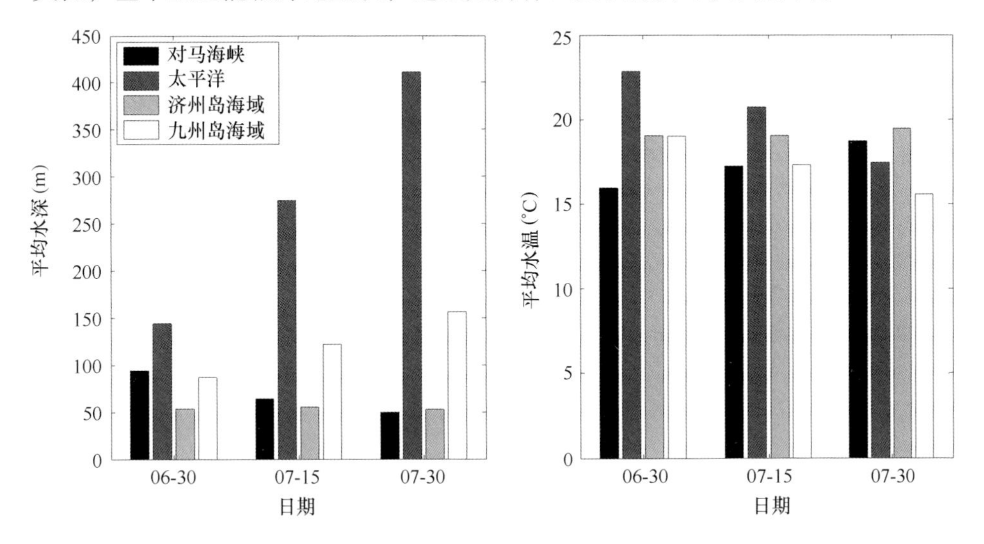

图 3-16　不同时间不同育肥场仔幼鱼所处的平均水深和水温

从以上分析可以看出，达到各个育肥场幼鱼的平均生长情况基本上差距不大，但对于个体而言，情况是怎么样，接下来我们选取两个具有典型代表的两个个体，A 个体最终输运到对马海峡，B 个体最终输运到太平洋（图 3-17a），用来研究不同育肥场下物理环境对其个体生长发育的影响。图 3-17b 中 A 和 B 个体在生长的初期（<100 d），虽然在输运空间上有所差异，但在两个个体的输运路径，正好位于黑潮与台湾暖流的之间的弱流区内，在此区域内流速、垂向湍流、混合不是很强烈，所以物理环境差异不是很大。B 所处环境受黑潮影响较大，所处水温比 A 要更接近适宜生长温度（20℃），导致 B 比 A 生长会稍快一些，但两个体的生长基本上是相似的，但当两个体过了 100 d 以后，一个被对马暖流带入对马海峡，另一个被黑潮带入太平洋以后，从体长曲线图上可以看出（图 3-17b），个体 B 停止了生长，究其原因，在水深图（图 3-17c）上可以找到答案，个体 B 被黑潮水系挟持，在强烈垂向湍流和混合下，所处水深波动剧烈，最后将其带到了水深 1 000 m 以下，在此深度，水温很低（<10℃），已经不适合鲐鱼幼鱼的生长，如果此时幼鱼没有抵抗潮流的游泳能力，或被湍流重新带回浅层，那么个体 B 面临的将是死亡，所以物

理环境对个体的生长发育是十分重要的。

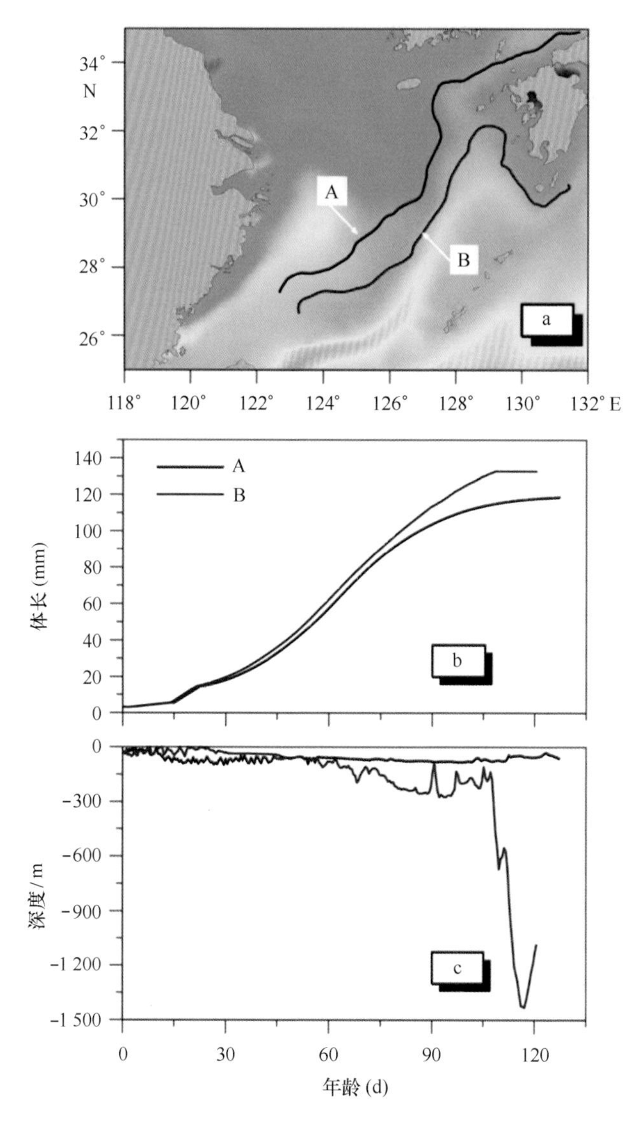

图 3-17 物理环境对个体 A（进入对马海峡）和 B（进入太平洋）生长影响

a：个体 A 和 B 的漂移轨迹，b：A 和 B 的生长，c：A 和 B 水深

由于鲐鱼产卵在时间、空间上的差异，以及从公式（2-14）可以看到仔幼鱼在模型中被动输运受水平环流和垂直湍流、混合的影响，导致仔幼鱼在输运途径上的生活环境不同，对其生存率也将会产生影响。这次我们选取了两组最具有代表性的幼鱼群体，即被黑潮分成两部分的个体（主要是大于 90

d)，A 组个体最终输运到对马海峡，B 组个体最终输运到太平洋（图 3-18a），用来研究典型不同育肥场下物理环境对其死亡率的影响。图 3-18b 中 A 和 B 组个体在生长的初期（<100 d）同图 3-17 相似，在输运空间上差异不大，位于黑潮与台湾暖流之间的弱流区内，A 和 B 组中个体平均水深差异不是很大，都处在小于 100 m 水深范围内，B 组水深相对 A 组稍微浅一点。但在 100 d 以后，当幼鱼开始被输运到对马海峡（A 组）和太平洋（B 组）以后，发现 A 组的平均水深基本上还没太大的变化（<100 m），但 B 组由于被黑潮水系挟持，在强烈垂向湍流和混合下平均水深随着时间急剧加深，最后平均水深到达了 400 m 多。图 3-18c 中显示了 80 d 以后 A 组和 B 组平均个体的死亡率变化，图中可以清楚地看出在 80~100 d，两组的平均死亡率差距不大，但 B 组由于在输运过程中受黑潮的影响较大，所以平均死亡率稍微比 A 组高一点，波动大约在 0.5%。但过了 100 d 以后，B 组受黑潮的影响加大，导致平均死亡率剧烈波动，波动在 2.8%左右，导致后期的死亡率明显高于 A 组的死亡率，所以物理环境对鲐鱼仔幼鱼的存活率也是有很大影响的。

3.3.6　连通性和补充关系

从上面的模拟结果可以清楚地看到，区域环流应当是连接产卵场和育肥场的关键动力机制，东海东南部产卵场是东海西北部邻近日本海域渔场一个十分重要的补充群体，但该产卵场对我国长江口和杭州湾外海的渔场补充量作用却十分有限。

我们根据图 3-7 的产卵场和育肥场子区域划分进行连通性分析，从图 3-19 的连通性矩阵关系可以看出，在 7 月末，对对马海峡补充最多的是产卵场 C 部分（29.5%），但 A 和 B 部分是相同，共占了 52.9%；对太平洋育肥场补充最多是产卵场 D（47.6%）和 C 部分（32.8%）；对济州岛补充最多是 B（37.7%）和 A 部分（31.5%）；对九州岛补充最多是 D（40.0%）和 C 部分（29.4%）。

从以上分析可以得到，环流导致的鱼卵仔鱼的输运是产卵场与育肥场的主要连接机制，鱼卵仔鱼的连通关系同该区域的洋流划分系统十分相似，可以分为两部分，偏北的对马海峡和济州岛育肥场的仔幼鱼主要来自于偏东北 A 和 B 部分产卵场，而偏南九州岛和太平洋育肥场则主要来自于偏西南 C 和 D 部分产卵场。这证明了物理因素对产卵场和育肥场联通性有很大影响，同时也说明了产卵场位置的变动会对鱼卵仔鱼的联通产生影响，这将是下一步

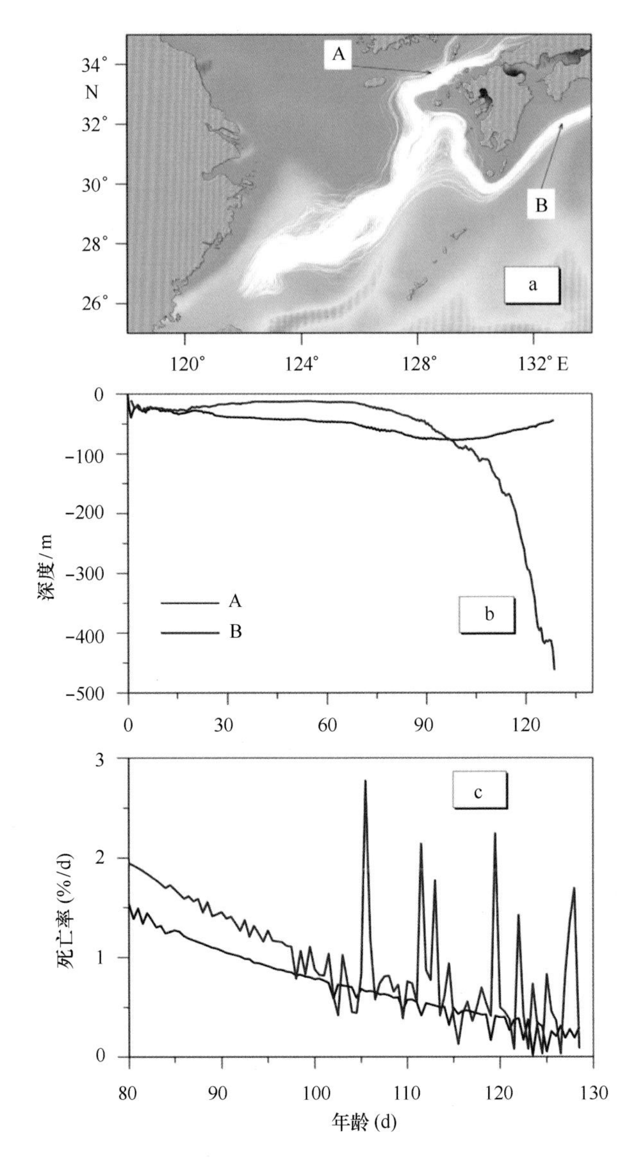

图 3-18 物理环境对 A 组（进入对马海峡）和 B 组（进入太平洋）死亡率的影响

深入研究的内容。

3.3.7 小结

（1）利用 FVCOM 物理模型，在正常气候场驱动下，模拟出来的 3—7 月份物理场与东海区的环流特征基本吻合，能够为 IBM 生物模型提供高分辨率

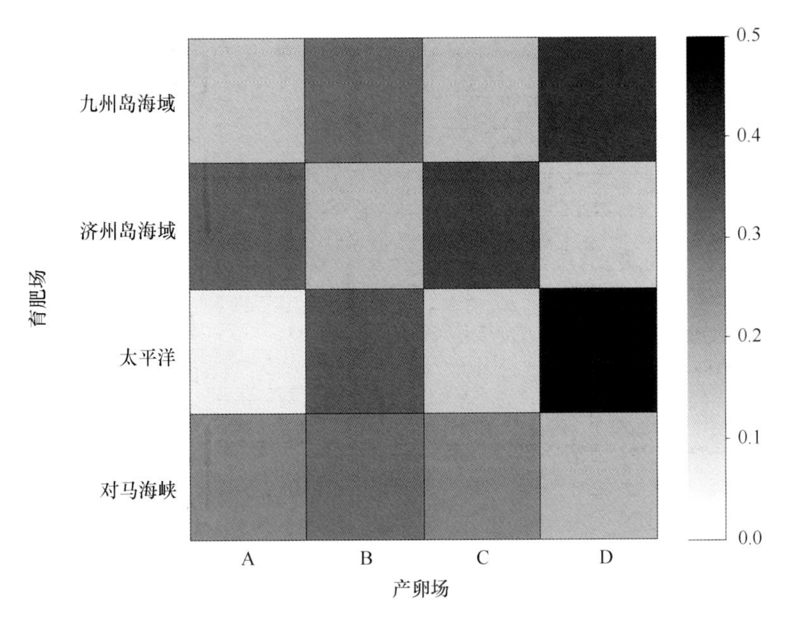

图 3-19　产卵场对育肥场的补充连通情况

精确的三维水动力场。

（2）温度和食物在鲐鱼早期生长中扮演了重要的角色，在一维条件下做了不同温度和食物条件下仔幼鱼的生长发育的模拟，并与实验室饲养试验和其他海域总结的生长方程相比较，结果表明，模型中参数化的生长方程基本上可以代表鲐鱼早期的生长发育情况，为后续丰度分布以及补充量的定量研究奠定基础。

（3）利用建立起来的 IBM-CM 对鲐鱼鱼卵仔鱼输运进行研究，验证了台湾东北部产卵场的鱼卵仔鱼向东海东北部输运的推测；黑潮、台湾暖流和对马暖流引起水平平流和垂向湍流控制着台湾东北部产卵场的鱼卵仔鱼的输运和分布，通过潮流直接将鲐鱼鱼卵仔鱼带到不同的育肥场，对该海域进行资源补充，再通过该海域的温度、食物等间接的影响鱼卵仔鱼的生长、生存等；在输运初期一些仔幼鱼是先向北输运到舟山外海，另一些则向东北对马海峡方向输运，但由于黑潮的阻隔作用，在输运路径上鱼卵仔鱼很难冲破锋面阻隔进入或穿过黑潮。当到达五岛列岛后，仔幼鱼被洋流分成了两部分，一部分被对马暖流带进了对马海峡里面，另一部分经过九州岛西部海域被黑潮迅速带进了太平洋里。

（4）对输运速度和滞留分析发现靠近黑潮、台湾暖流和对马暖流的鱼卵仔幼鱼都有比较高的输运速度，海洋物理环境控制着东海西南部产卵场的鱼卵仔鱼的输运速率以及滞留。

（5）丰度分布显示，随着时间的推移，仔幼鱼的数量逐渐减少，在输运路径后端和输运速率大的海域得到产卵较晚的补充，丰度会有很大的分布，在6月份位于九州西南海域也有很高的分布，这和调查资料上的丰度分布趋势十分吻合。

（6）由于分批产卵的关系，仔幼鱼的体长分布在初期会出现几个高的聚集区，由于产卵在时间和空间上的差异，导致仔幼鱼的生活环境的不同，导致差异逐渐缩小。对马海峡育肥场是最适宜生长的，物理环境对其生长发育和生存有很大的影响。

（7）台湾东北部产卵场鱼卵仔鱼的输运是对马海峡附近渔场的主要补充机制，仔幼鱼2/3输送到了济州岛和对马海峡的偏北海域育肥场，1/3输送到九州岛和太平洋偏南海域育肥场。但台湾东北部产卵场对我国长江口和杭州湾外海的渔场补充量作用十分有限。

（8）鱼卵仔鱼的连通关系同该区域的洋流划分系统十分相似，偏北的对马海峡和济州岛育肥场的仔幼鱼主要来自于偏东北A和B部分产卵场，而偏南九州岛和太平洋育肥场则主要来自于偏西南C和D部分产卵场。这证明了物理因素对连通性有很大影响。

3.4 物理因素的影响

从上面的分析我们知道物理因素对鱼卵仔鱼的分布、生长、存活率等有很大的影响。近海的浮性鱼卵和仔幼鱼的输运主要就是在风场作用下随流场的被动漂移，所以风对鲐鱼鱼卵仔鱼的输运影响很大。下面分析在极端物理条件下，即台风（Alice，1961）经过鲐鱼产卵场，对鲐鱼鱼卵仔鱼输运、分布的影响进行研究。

3.4.1 对分布和丰度的影响

图3-20显示的是5月21日6:00，台风过境（2.5 d）以后，仔幼鱼的个体分布和丰度分布情况，结果显示在台风作用以后（左上），即使在台风的主路径上的个体分布趋势与正常气候场下（右上）相比并没有明显的差异，只是在输运路径的后端和舟山外海附近有些差异，但丰度分布由于受台风的影

响（左下），与正常气候场下（右下）相比，在输运路径的后端，即产卵场海域附近丰度分布有所差异，使高密度的鱼卵仔鱼范围比正常气候条件下有所扩大，即台风会使鱼卵仔鱼向输运的东北方向上有扩散开的趋势。另外，由于台风的影响，湍流和扩散加剧，使鱼卵仔鱼的存活率降低，同样都是产卵 2.15×10^{12} 个的初始前提下，台风过后存活 4.08×10^{9} 个，而没有台风影响存活 6.64×10^{9} 个，可以清楚地表明台风过程导致的物理环境的变化不适宜仔幼鱼生存，使死亡率增大，直接影响对育肥场的资源补充量。

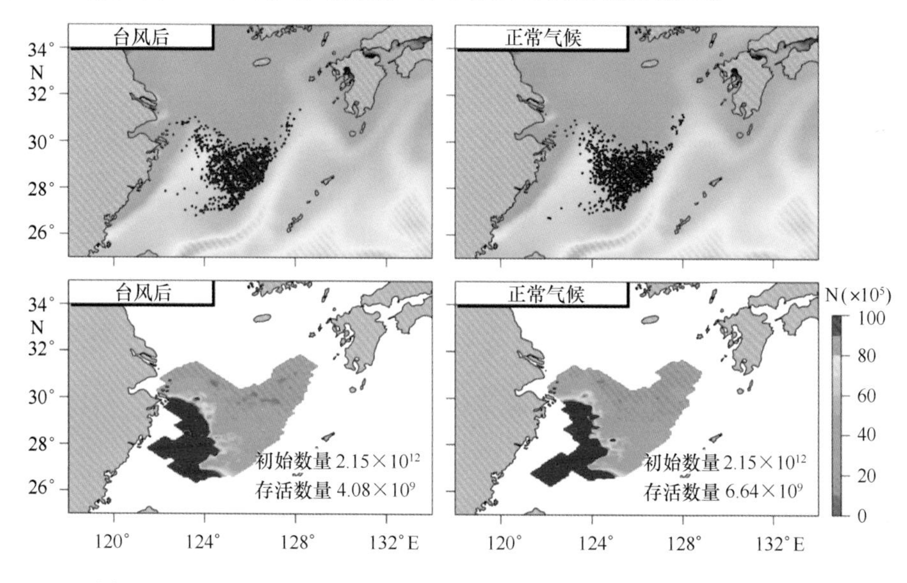

图 3-20　5 月 21 日有无台风影响的鲐鱼仔幼鱼分布（上）和丰度（下）

3.4.2　输运速度的影响

图 3-21 显示了有无台风作用对鱼卵仔鱼输运速度（滞留）的影响。从图中可以看出，台风开始作用的头 12 h，由于风对流场影响的延时作用以及大部分鱼卵仔鱼不位于表层，导致输运速度没有太大的影响，但随着时间的推移，12 h 以后，台风的影响逐渐增大，台风有增大输运路径后端鱼卵仔鱼输运速度的趋势，在台风过后，输运速度在输运的后部有明显的差异（5 月 21 日 12:00），使产卵场海域附近输运速度明显增大，使该区域内的鱼卵仔鱼滞留时间变短，会加快此处鱼卵仔鱼的分散，所以会出现上图（图 3-10）后端丰度分布扩散的现象。

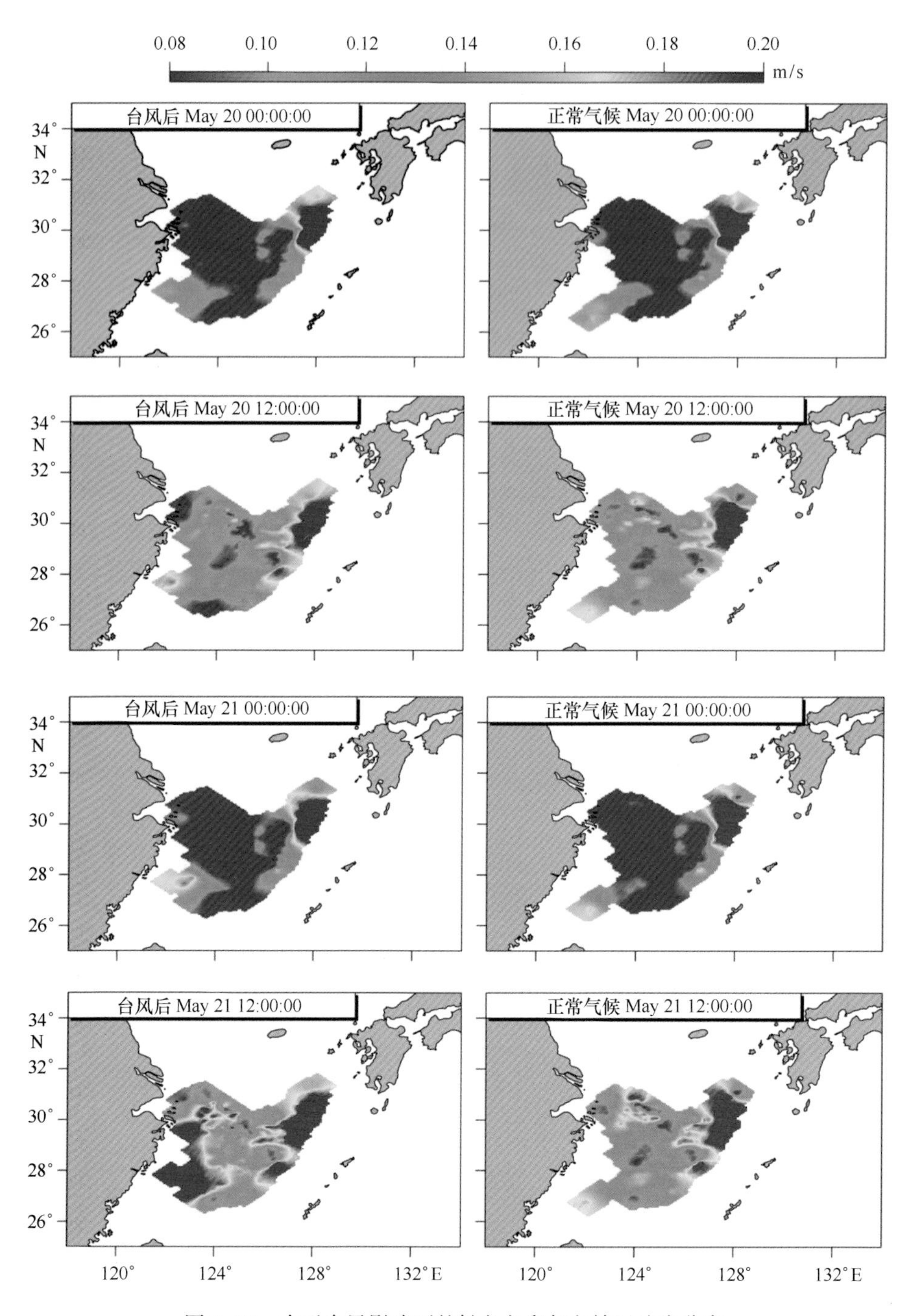

图 3-21　有无台风影响下的鲐鱼鱼卵仔鱼输运速度分布

3.4.3　产生影响的动力学分析

为什么台风对个体分布的影响不大，我们分析一下台风过后流场的变化情况，从图 3-22 中有无台风影响的流场对比图中可以看出，仔幼鱼的主要输运路径上是受潮汐的影响，本海域潮汐主要是受 M2 分潮控制，M2 分潮的周期为 12.42 h，该处的流场为反气旋旋转流，潮流速度为 20～50 cm/s（郭炳火等，1998）。当 Alice 台风短时间（2.5 d）扫过东海，所产生的水体流速应当和 M2 是同一个尺度量级的，在我们的试验中台风逆时针旋转的气旋与潮流的顺时针旋转的反气旋相互在抵消，势必减少台风对仔幼鱼输运区域低频率潮流的影响，导致在台风过后，表层流场在台风经过的路径上有一些变化，但不会使流速变化很剧烈，对深水流场影响就更加小了，所以最终仔幼鱼的输运分布没有太大的变化，只是在局部会有些聚集或散开的现象出现。

因为在模型设计中有一些随机生物过程（产卵位置，产卵深度等），没有办法对个体进行一对一的对比分析，为了验证结果的真实性，消除个体的随机性和随机游走导致个体所处水层深度不同的影响，我们做了理想化的数值模拟试验，在试验中我们在表层同一时刻释放 50 个质点，不考虑由扩散引起的随机游走，分别在正常气候场和台风风场生成的流场中进行模拟（图 3-23a）。由图 3-23 可知，在东海区域有台风和无台风作用下，对质点的漂移轨迹影响差别不是很大，我们将两个试验中相同质点模拟的最后时刻的距离差作平面分布图（图 3-23b），发现台风过后，在长江口、舟山外海偏东的海域会使质点产生很大的距离差，说明台风对该海域影响较大，但图上距离差不大的条形区域几乎与鱼卵仔幼鱼的输运主路径相吻合，说明台风对鱼卵仔鱼的输运影响较小。为了进一步说明问题，我们对距离差最大（23.5 km）的质点按输出的时间间隔（=6 h）进行放大作图（图 3-23c），从图上可以看到，由于有潮汐的周期性运动，不管是有无台风，质点都相应地呈现出周期性漂移，但台风使该质点有向与无台风作用下相反方向输运的趋势，平均增速为 0.078 m/s。但在台风的主路径上，即鲐鱼鱼卵仔鱼的输运路径上的质点轨迹差异是很小的，为了方便分析，我们也放大了输运路径上的一个质点轨迹图（图 3-23d），从图上可以看到，质点同样地呈现出周期性漂移，在前几小时，由于台风影响很小，两个轨迹几乎重合，随着台风的作用增大，两个轨迹开始有差异，但没有反向，总体趋势是台风使质点偏离原轨迹，有向东北方向输运的趋势，最后质点的距离差为 5.2 km，平均增速为 0.017 m/s。综上所

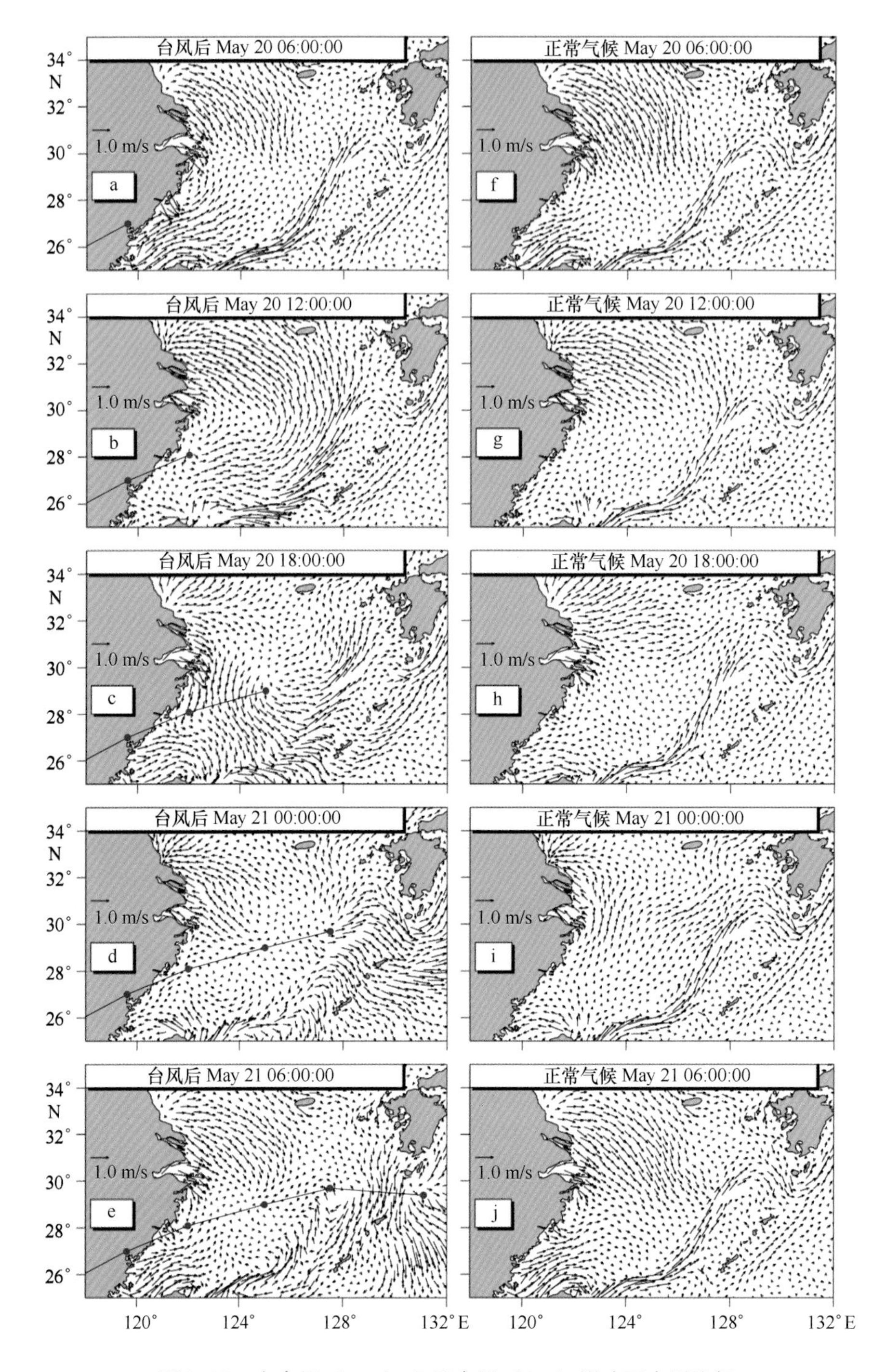

图 3-22 有台风（a~e）和无台风（f~j）影响下表层流场

述，在台风的主路径上，即鲐鱼鱼卵仔幼鱼输运路径上出现了漂移轨迹距离相差最小的区域，这可能是生物长期进化和适应环境的选择，使该产卵场后期的输运受外界的影响最小。

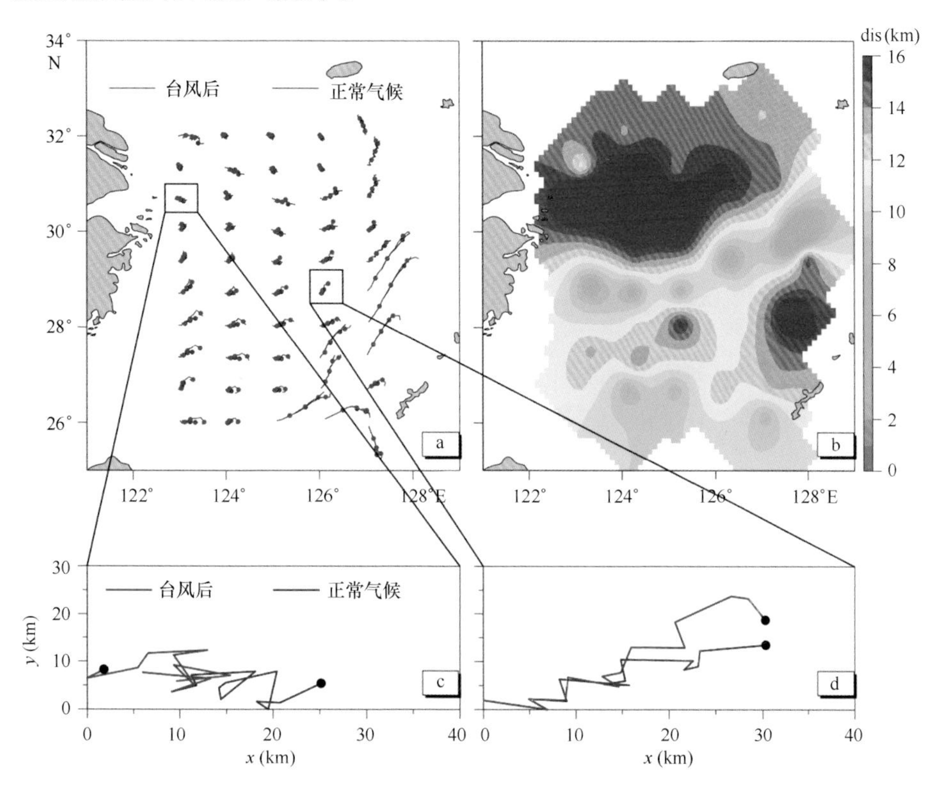

图 3-23 有无台风作用下质点轨迹（a）和距离分布（b），
最大（c）和最小（b）距离差放大图

理想模拟试验验证了台风对仔幼鱼的输运轨迹影响不是很大，下面我们再从理论计算上对其进一步阐述，使用下列公式进行尺度分析来计算：

$$fv = \frac{1}{\rho} \times \frac{\partial P}{\partial r} + \frac{\tau}{\rho D} \tag{3-2}$$

式中：f 是科氏参数（$=10^{-4}/\mathrm{s}$）；v 是地转流速（需计算）；ρ 是水密度（$=10^3\ \mathrm{kg/m^3}$）；P 是气压（∂P 待定）；r 是台风半径（待定）；τ 是风应力（待定）；D 是风引起的混合深度（$=10\ \mathrm{m}$）。

从图 3-24 中的台风风速分布中我们来估计台风半径 r，我们选取风速 15 m/s 到 30 m/s 的距离，估计 $r=500$ km。

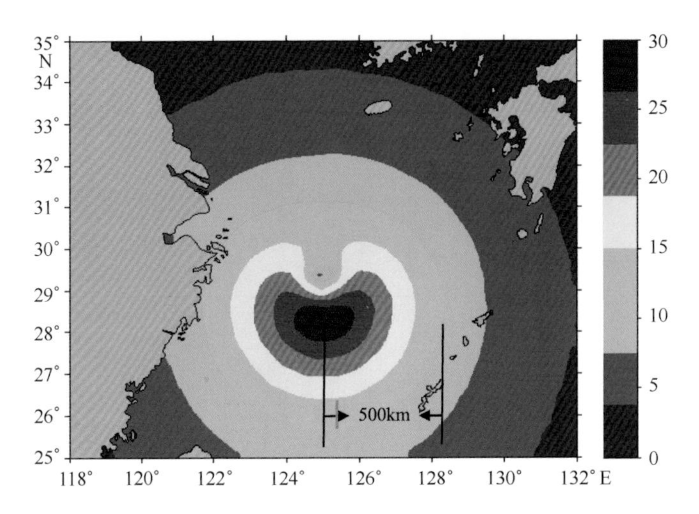

图 3-24　台风半径估算图（r=500 km，风速范围为 15~30 m/s）

在上面台风半径 r 设为 500 km，那么根据图 3-25 中的台风距离-气压关系图中我们求出 ∂P 为：

$$\partial P = (1.01-0.995) \times 10^5 = 0.015 \times 10^5 \text{ Pa}$$

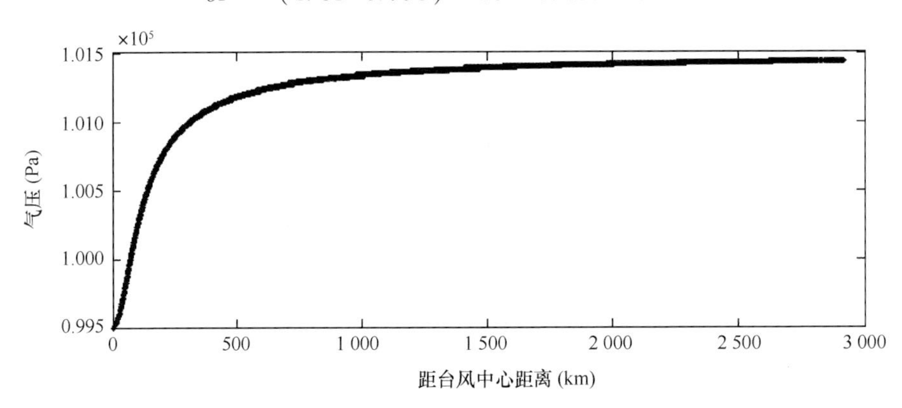

图 3-25　距台风中心距离到外部气压关系图

那么我们可以求得气压梯度项为

$$\frac{1}{\rho} \times \frac{\partial P}{\partial r} = \frac{1}{10^3 \text{ kg/m}^3} \times \frac{0.015 \times 10^5 \text{ N/m}^2}{5 \times 10^5 \text{ m}} = 3 \times 10^{-6} \text{ m/s}^2$$

从图 3-26 中的 FVCOM 输出的风速和风压力关系图中可以设定平均风压力 τ =1 N/m^2。

可以求得风应力项为

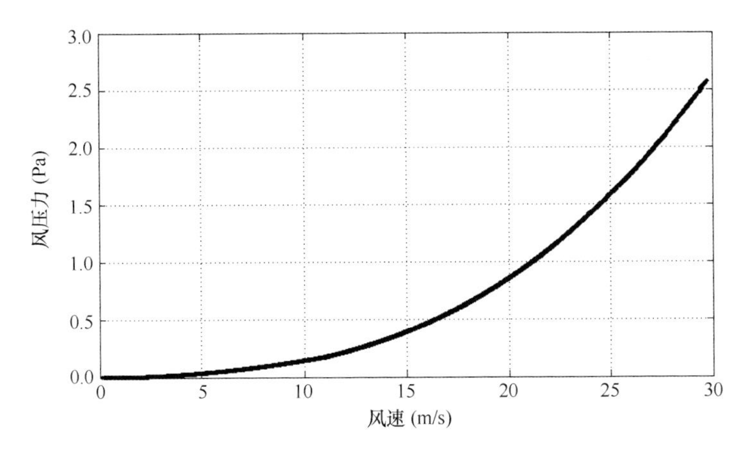

图 3-26　FVCOM 输出的风速和风压力关系图

$$\frac{\tau}{\rho \times D} = \frac{1\ \mathrm{N/m^2}}{10^3\ \mathrm{kg/m^3} \times 10\ \mathrm{m}} = 10^{-4}\ \mathrm{m/s^2}$$

风应力项远远大于压力梯度项，压力梯度项可以忽略不计，所以得到地转流速为 $v \approx 1.0$ m/s，我们最终得出这样的结论：此台风最大将会引起 1.0 m/s 的流速。

我们的尺度分析静止的台风能够引起比较大的流速，但现实中快速移动的台风将不能够产生估计的流速，我们不知道台风是否能引起那么大的流速，为了验证上面的流速，我们又做了静止台风的试验，在试验中我们假设台风在东海中部静止不动，模型中没有其他力作用在模型的开边界上，模型持续了 2.5 d，结果显示模拟结束最大流速达到了 0.5 m/s（图 3-27），这个流速远远大于移动台风引起的该海域流速。

从以上分析我们得到如果台风作用时间无限加长，静止的台风是可以达到上面分析的 1.0 m/s 的流速，但对于一个快速移动，即作用时间相对较短的台风在此海域将不会引起比较大的流速改变，所以台风的移动速度或作用时间对鱼卵仔鱼的输运是有影响的。

综上所述，台风没有对鱼卵仔鱼的轨迹分布产生大的影响，主要原因就是鱼卵仔鱼的输运路径正处在台风影响小的区域，另外，台风作用的时间也比较短。

3.4.4　加长和提前台风作用时间的模拟

从以上分析可以得到，台风对东海鱼卵仔鱼的分布没有太大的影响，台

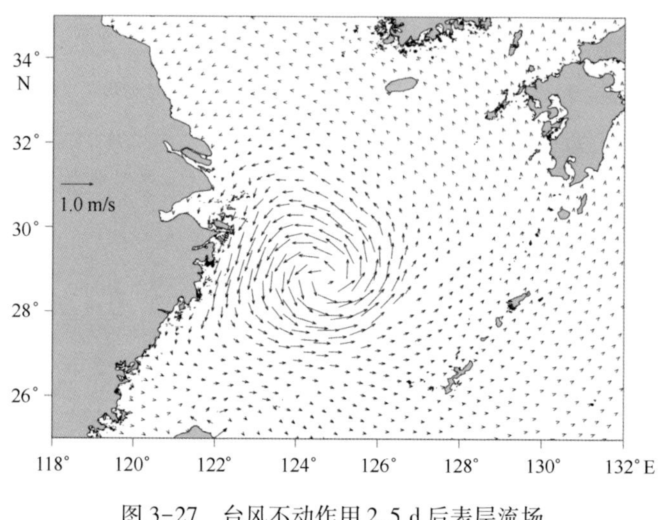

图 3-27 台风不动作用 2.5 d 后表层流场

风作用时间较短是原因之一。那么我们接下来做了加长台风作用时间的数值模拟试验，在这个试验中，我们将台风在东海区过境的时间加长，由原来的 2.5 d 延长为 5 d，验证加长台风作用时间是否会对仔幼鱼分布有影响，上面的结论是否正确。

从图 3-28 中可以看出，在台风作用 5 d 以后，台风作用下仔幼鱼分布范围情况与正常气候场下相比有了明显的差异，尤其在输运路径后端的差异更大，使鱼卵仔鱼有向西北方向长江口海域输运的趋势。丰度分布由于受台风的影响，使差异更加变大，这次逆时针旋转的反气旋台风使高丰度在后端高度聚集，原因是开始后端高的输运速度使鱼卵仔鱼幼鱼向东北方向散开（图 3-20），但后期由于中部输运速度较小（图 3-21），后端还源源不断地输运过来，导致高度聚集。另外，由于台风的影响加长，使鱼卵仔鱼的存活更加降低，5 d 台风过后存活 3.67×10^9 个，而没有台风影响存活 5.63×10^9 个，又一次清楚地表明台风过程中导致的物理环境的变化会使仔幼鱼的死亡率增大。

从图 3-29 中显示 5 d 台风过后，输运速度在输运路径中段有明显的差异，也使仔幼鱼更贴近黑潮，使输运速度明显增大，使处在高速输运区域内的鱼卵仔鱼滞留时间变短，加快此处鱼卵仔鱼向东北方向东海输运，所以会出现上图个体分布明显不同的现象出现。

图 3-30 中显示的是台风过后和正常气候场下仔幼鱼的水深分布对比图。从图中可以看出，横向与正常气候场相比，台风过后，把鱼卵仔鱼带向了更

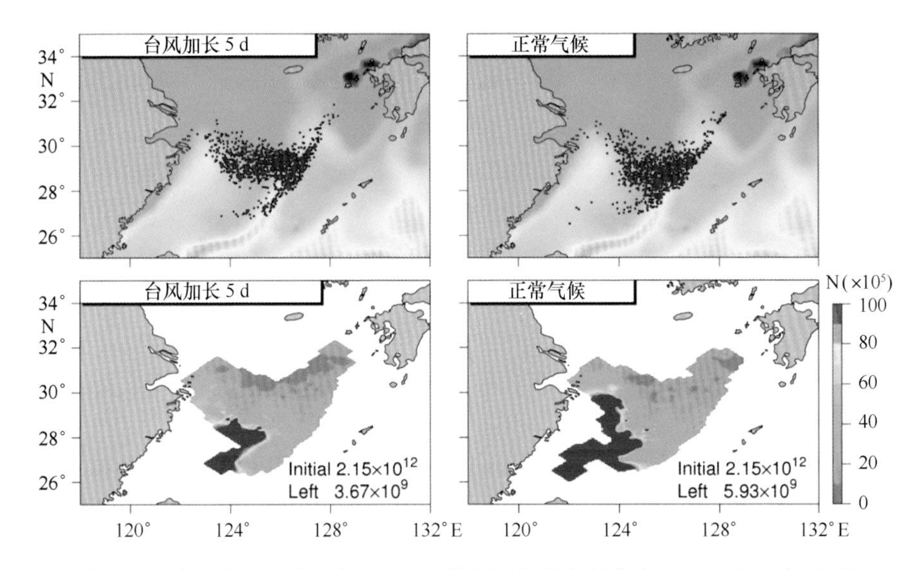

图 3-28　有无台风（台风加长 5 d）作用下仔幼鱼的分布（上）和丰度（下）

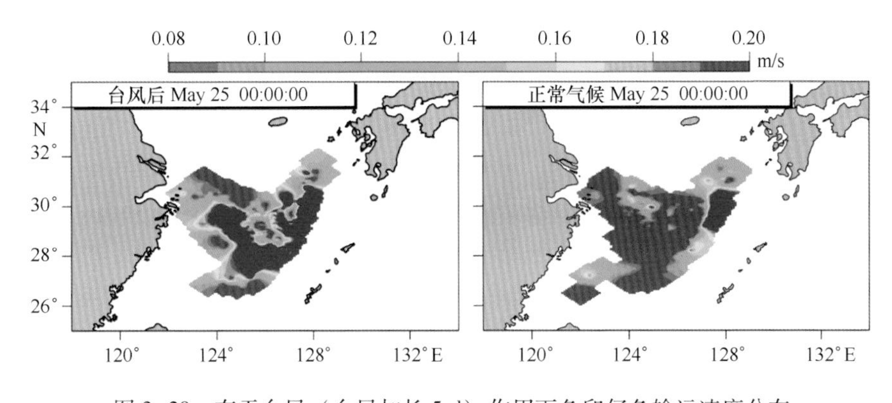

图 3-29　有无台风（台风加长 5 d）作用下鱼卵仔鱼输运速度分布

深水层，纵向对比，2.5 d 和 5 d 图上频度分布相差不大，但经过统计分析，5 d 的平均水深（=30.5 m）要比 2.5 d 的平均水深（=30.0 m）深一些，原因是台风使流场的混合和湍流加剧，使得海洋的混合层明显加深，使鱼卵仔鱼的垂向随机游走加大，最终导致使鱼卵仔鱼普遍向深水移动，也是死亡率增大的原因。

我们又进一步做了两个数值试验，来验证不同的台风作用时间是否对鱼卵仔鱼的输运有影响。试验中我们先把台风的时间提前到产卵高峰时间 4 月 13 日左右，作用时间同样是 2.5 d，结果如图 3-31 所示，与上面结果相似，

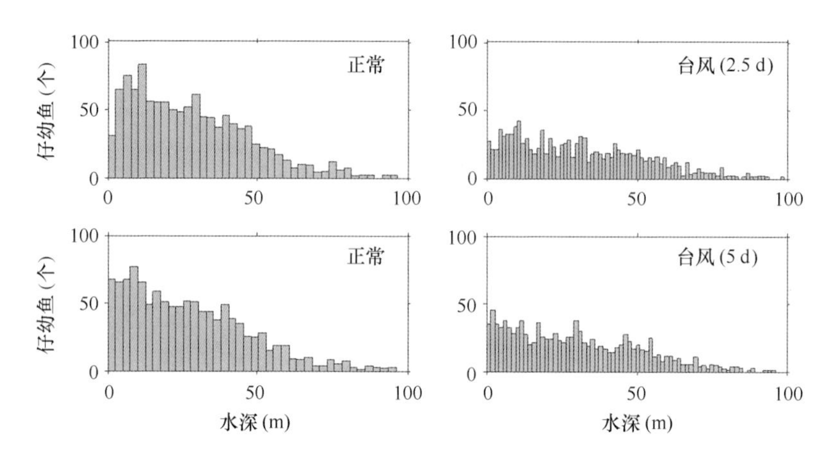

图 3-30　有无台风（2.5 d 和 5 d）作用下仔幼鱼水深的分布

对鱼卵仔鱼的分布影响也是不大。

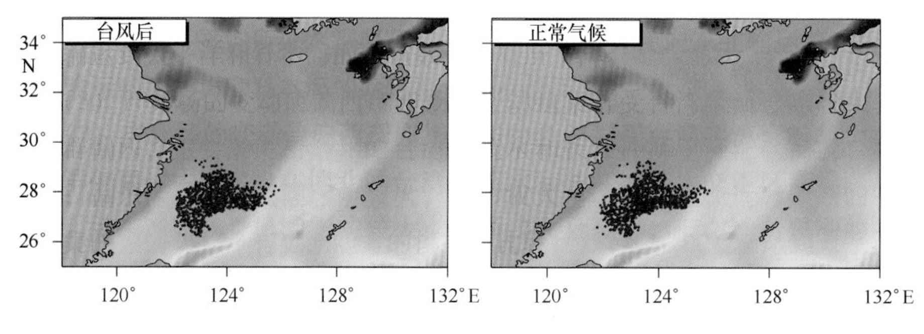

图 3-31　有无台风（作用时间在产卵高峰）作用下鱼卵仔鱼的分布

另外，同样把台风的作用时间也加长为 5 d，如图 3-32 所示，结果表明，台风时间的延长同样对鱼卵仔鱼分布会产生影响。

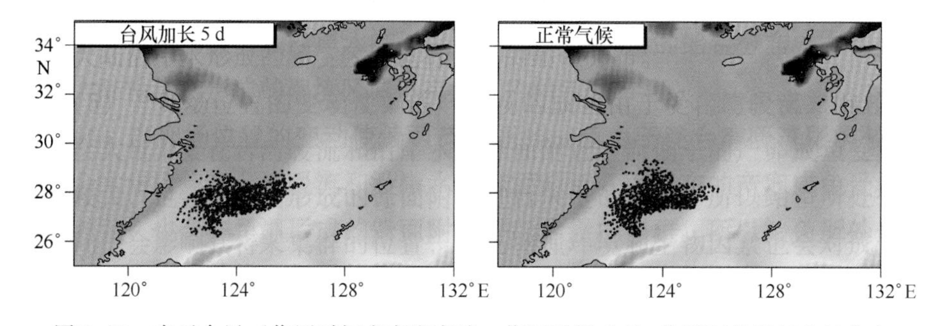

图 3-32　有无台风（作用时间在产卵高峰，作用时间 5 d）作用下鱼卵仔鱼的分布

综上所述，台风作用时间对仔幼鱼分布有一定影响，会使死亡率进一步加大，并且有使仔幼鱼的分布深度加深的趋势。

3.4.5 小结

（1）台风过后，除输运路径的后端和舟山外海附近对鱼卵仔幼鱼的分布有些影响外，对主路径上的绝大部分分布影响不大。丰度分布在输运路径的后端有所差异，使高密度的鱼卵仔鱼范围向东北方向上扩散，并使仔幼鱼的死亡率增大。

（2）台风对输运速度在开始的 12 h 影响不大，后期台风的影响逐渐增大，明显有增大输运路径后端鱼卵仔鱼输运速度的趋势，使该区域内的鱼卵仔鱼滞留时间变短，会加快此处鱼卵仔鱼的分散，出现丰度分布后端丰度分布扩散现象。

（3）台风对分布影响不大的原因是鲐鱼鱼卵仔幼鱼输运路径正处在台风影响最小的区域内，台风逆时针旋转的气旋与潮流的顺时针旋转的反气旋相互在抵消，减少了台风对仔幼鱼输运区域低频率潮流的影响，使输运路径海域流场影响不大。并通过理论计算和理想数值试验验证了该结果的正确性。

（4）台风移动速度快、作用时间短也是原因之一，延长、改变台风作用时间，得到台风作用时间对鱼卵仔鱼的分布有影响，并使输运速度明显增大，另外，台风使流场的混合和湍流加剧，使鱼卵仔鱼的垂向随机游走加大，最终导致鱼卵仔鱼普遍向深水移动，也是死亡率增大的原因。

3.5 生物因素的影响

上面的研究主要集中在物理因素对鱼卵仔幼鱼分布、丰度以及生长发育、生存率的影响很大，本节我们将对生物因素对其的影响进行模拟和分析研究，主要集中在产卵场位置和产卵深度的变动上。

3.5.1 产卵场位置变动的影响

上面的模拟采用的产卵场是由调查推测出来的，但事实上产卵场在每个产卵季节是有变动的，目前我们并不十分清楚产卵场的精确位置，为此本节对产卵场位置的变动进行模拟试验，以弥补这方面的不足，这也是数值模拟方法的优势之一。

3.5.1.1 产卵场位置设定

根据上面的分析，分产卵场位置东偏和西偏两种模式进行模拟研究，产卵场的前后位置变动，除了影响到达育肥场的时间外，其他方面并没有太大的影响，在本研究不做讨论与分析。上面的模拟鲐鱼产卵场基本上位于黑潮和台湾暖流之间弱流区的海域（图 3-33b）（正常）；图 3-33a 为向西偏移 60 km 产卵场位置（偏西），使部分产卵场区域进入了台湾暖流区；图 3-33c 为产卵场向东偏移 60 km（偏东），使部分产卵场区域与黑潮区域相交汇。上述 3 种情况，在正常气候驱动的相同流场的作用下，研究对鲐鱼鱼卵仔鱼的输运、分布及丰度影响的情况。

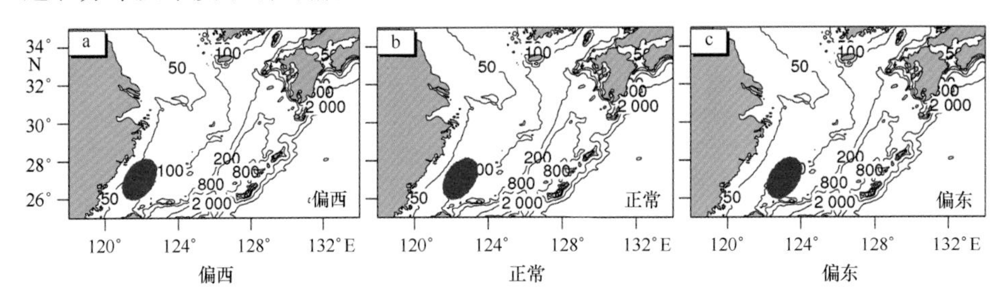

图 3-33 产卵场位置变动示意图

3.5.1.2 仔幼鱼输运和分布对比

如图 3-34 所示，3 月末，3 个试验中产卵场区域鱼卵仔鱼数量明显增多，输运和散布情况不明显。正常情况下，产卵场位于黑潮和台湾暖流之间，鱼卵仔鱼沿着此缝隙向东北方向输运。偏西试验中鱼卵仔鱼随着台湾暖流向偏北方向扩散。而偏东试验中鱼卵仔鱼因为靠近黑潮，可以较快输运速度向东北方向输运，但因为黑潮的锋面作用，同样很难穿过进入黑潮里面。

4 月份，由于产卵高峰的到来，3 个试验中鱼卵仔鱼总数量都有很大增加。正常情况下鲐鱼产卵场内的鱼卵仔鱼在黑潮和台湾暖流的影响下，分成两部分，一小部分受台湾暖流的影响往北向舟山外海输运，绝大部分受黑潮的影响，往东北向对马海峡方向输运。偏西试验大部分鱼卵仔鱼因受台湾暖流影响较大，大部分往北向舟山外海输运，小部分在黑潮和台湾暖流之间的弱流区向东北的对马海峡方向输运。偏西试验则受黑潮影响最大，很小的一部分有向偏北方向输运的趋势，几乎所有鱼卵仔鱼都受黑潮的影响，呈窄带状向东北方向输运，由于黑潮的高流速的特点，此试验比前两个试验中的鱼卵仔鱼输运都快，可以明显地看到已经有少量仔幼鱼到达北纬 31°五岛列岛西

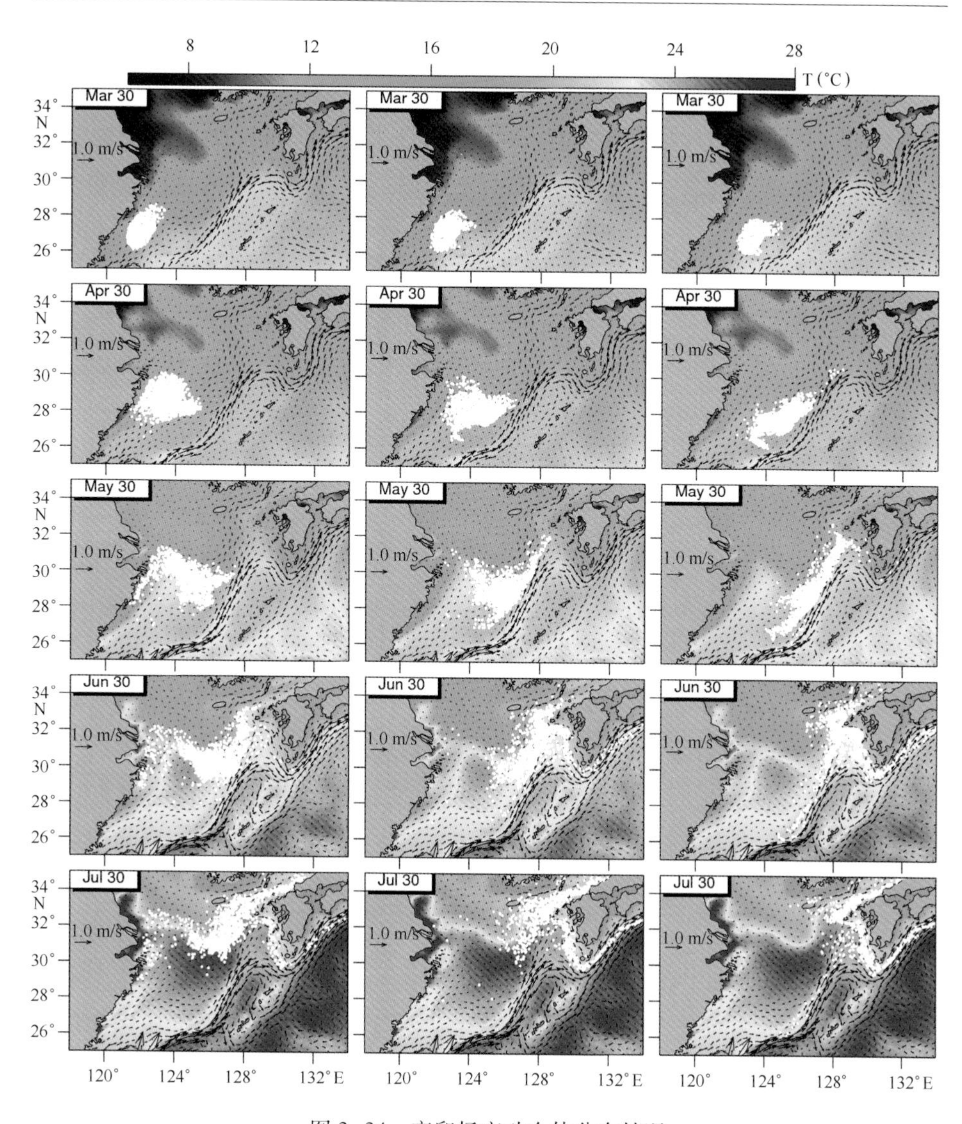

图3-34　产卵场变动个体分布情况

（左：偏西；中：正常；左：偏东，以下类同）

南部海域。

5月海水温度升高，更适合鲐鱼鱼卵仔鱼的生长发育，3个试验中鲐鱼产卵数量都开始下降，新增鲐鱼仔鱼数量减少。正常情况下小部分鲐鱼鱼卵仔鱼漂移到了长江口外海，绝大部分鱼卵仔鱼在台湾暖流和黑潮中间的海域里聚集并向东北漂移，最远的已被输运到五岛列岛西南部海域。偏西试验中大部分鱼卵仔鱼输运受台湾暖流影响向偏北方向漂移，最远已经进入到浙江沿岸，大部分仔幼鱼漂移到杭州湾外海附近海域，抵达了台湾暖流和长江入海径流所形成的沿岸流交汇处，并在此海域呈长块状聚集；另一小部分继续向东北漂移，但输运速度比较慢。偏东试验中鱼卵仔鱼仍然大体沿黑潮流动方向漂移，所呈的带状进一步变窄，高流速的黑潮使部分幼鱼率先抵达了五岛列岛西南部海域黑潮的分支处，甚至有少数已经被黑潮快速携带向太平洋漂移，该试验几乎没有仔幼鱼漂移到中国沿海海域。

6 月末鲐鱼产卵期基本结束，幼鱼数量停止增加，由于死亡的原因，幼鱼数量会逐渐减少。正常情况下 6 月底大部分幼鱼都会到达五岛列岛西南部海域进行分支，一部分幼鱼将被对马暖流携带经过对马海峡进入日本海海域；另一部分幼鱼随着黑潮绕过九州岛向东再转向进入太平洋。偏西试验中少量仔幼鱼仍然散布在杭州湾和长江口外海，大部分幼鱼开始被输运到主输运路径的弱流区内，沿东北方向向对马海峡漂移。偏东试验中大部分鲐鱼仔幼鱼已通过了九州岛附近的黑潮分支处，一部分随着对马暖流进入日本海；一部分随着黑潮主流进入太平洋。

7 月是我们模拟试验的最后一个月，正常情况下部分幼鱼向九州岛西南侧、济州岛东南侧海域集中，通过对马海峡进入日本海或随黑潮主流绕过九州岛进入太平洋的幼鱼数量也增加了很多。此时中国东部沿海海域很难再看到鲐鱼仔幼鱼的踪影。这个期间如果在九州岛西部、济州岛东南侧及对马海峡海域进行捕捞调查的话，可以捕获大量的鲐鱼仔幼鱼。偏西试验中，在浙江沿岸、杭州湾、长江口附近海域仍有少量的幼鱼在此聚集。另外，在江苏外海也有少量的分布，大部分仍集中在济州岛南、九州岛西南海域的主输运路径上，通过对马海峡向日本海输运的幼鱼数量逐渐增加，同时只有少量的幼鱼绕过九州岛被黑潮携带进入太平洋海域。偏东试验中到了 7 月末只有小部分的幼鱼会滞留在九州岛西侧外海域，大部分幼鱼都已经离开东海海域，但在九州岛沿岸还有大量过境的仔幼鱼分布，此时大部分幼鱼早已分别进入日本海或太平洋。

表 3-1 统计了 7 月初、7 月中旬和 7 月下旬 3 个模拟试验中不同时刻到达育肥场各部分鱼卵仔幼鱼的比例情况。通过对表中数据的对比可以看出，随着时间的推移，3 个模拟试验中到达育肥场各部分的仔幼鱼的比例是不同的并时刻变化着，正常产卵场最终输运到偏北济州岛和对马海峡育肥场为 65%，输送到偏南九州岛和太平洋育肥场为 35%。如果以正常产卵场为标准，那么偏西的产卵场使鱼卵仔幼鱼整体向偏北的育肥场输运，输运到偏北育肥场的

仔幼鱼也占了绝大部分（89%），其中被输送到偏北的济州岛育肥场占了79%，因为受台湾暖流影响较大，导致向偏北育肥场输运速度不大，所以输运到偏北对马海峡的比重不是很大（10%），相反输运到偏南太平洋和九州岛育肥场的仔幼鱼只占了很小一部分（11%）。偏东的产卵场鱼卵仔幼鱼整体向偏南的育肥场输运，最终被输送到偏南的太平洋育肥场的仔幼鱼比例有所增加（36%），而使输运到偏北济州岛育肥场的比例有所降低（27%），最终导致输运到偏北济州岛和对马海峡育肥场为 45%，输送到偏南九州岛和太平洋育肥场为 55%。

表 3-1　产卵场位置变动到达各育肥场比例

产卵场变动	7 月 1 日				7 月 15 日				7 月 30 日			
	对马海峡	太平洋	济州岛	九州岛	对马海峡	太平洋	济州岛	九州岛	对马海峡	太平洋	济州岛	九州岛
偏西	0.00	0.00	0.92	0.08	0.02	0.01	0.91	0.05	0.10	0.05	0.79	0.06
正常	0.00	0.04	0.73	0.23	0.07	0.10	0.63	0.20	0.19	0.20	0.46	0.15
偏东	0.02	0.12	0.48	0.39	0.11	0.28	0.36	0.25	0.18	0.36	0.27	0.19

从上面的分析可以得到，产卵场位置的变动，可以对鱼卵仔幼鱼的输运分布产生很大的影响，虽然总体的输运方向是东海东北部海域，但在输运路径和分布空间上有很大差异，偏西的产卵场由于受台湾暖流的影响较大，输运的过程中有大量仔幼鱼在中国沿海滞留和过境，最后绝大部分输运到了济州岛育肥场。偏西的产卵场由于受黑潮影响较大，在输运的过程中几乎就没有鱼卵仔鱼漂移到中国沿海附近，并且漂移速度很快，使输送到太平洋的仔幼鱼比重有所增加，最后输运到偏南育肥场和偏北育肥场的仔幼鱼数量相差不多。如果实际中产卵场分布比较广，鱼卵仔鱼的分布应当是这 3 个产卵场输运分布的合集体现。

3.5.1.3　仔幼鱼的滞留对比

图 3-35 显示了在 3 月末，3 个模拟试验鱼卵仔鱼位于产卵区附近，后端漂移速率都比较低，前端的输运速度相对较大。在 4 月末，偏西产卵场在靠近浙江沿岸和舟山外海区域都有比较小的漂移速率，所以鱼卵仔鱼将会在此有比较长时间的滞留。偏东的产卵场在输运前端由于受黑潮影响有比较大的输运速率，此区域的仔幼鱼会快速向东北漂移。5 月末，偏西产卵场在浙江沿

岸，长江口、舟山外海的仔幼鱼仍然保持较长的滞留时间。由于黑潮的影响加大，偏东产卵场的仔幼鱼尤其在靠近黑潮的一侧鱼卵仔鱼的漂移速率明显较大，将会在此滞留较短的时间，以很快的速度离开此海域，但在离黑潮较远的一侧仔幼鱼将会滞留相对长的时间。6月和7月末，偏西产卵场的仔幼鱼仍然在东海西部有较小的输运速率，导致大量仔幼鱼长时间滞留在济州岛育肥场。由于输运速度较慢使输运到对马海峡的仔幼鱼数量不多，但东部输运到九州岛附近海域的仔幼鱼由于也受到黑潮的影响，在此海域也出现了高输运速率，使一小部分仔幼鱼绕过九州岛，高速向太平洋输运。偏东的产卵场一贯保持了高输运速率，低滞留时间的特点，导致鱼卵仔鱼源源不断地向太平洋育肥场输运，使此处仔幼鱼数量将不断增加。

3.5.1.4　仔幼鱼的丰度对比

我们同样以正常产卵场为评比的标准，从图3-36丰度分布对比可看出，3个模拟试验中随着时间的推移，因为鱼卵仔鱼死亡的原因，仔幼鱼的总数量都在逐渐减少，但在输运的主路径上都有很高的丰度。

3月份，由于处在产卵期，产卵场海域的鱼卵数量开始增加，由于模型中设定在网格中形成超级个体的原因，在3月末，模型中偏西产卵场产卵总数和正常产卵场中产卵总数相差不多，但都大于偏东产卵场超级个体中卵的总数，死亡率也相差不多。在3月末，3个模拟试验死亡率约20%，为正常（23%）>偏东（21%）>偏西（20%）。由于此阶段刚开始漂移，所以在产卵场附近都有极高的丰度分布。

4月份，继续产卵，并在此阶段都达到了产卵高峰，但偏东产卵场的产卵总数还是3个试验中最低的，死亡率还是相差不多，但正常降为最低，偏东升为最高，为偏东>偏西>正常。在输运路径上都有较高的丰度分布，应该是沿着输运的方向逐渐递减。

5月份，产卵量增加不多，偏西和正常的产卵场基本上达到了产卵量的最高值。死亡率为偏东>正常>偏西。由于产卵和漂移，在卵场内仍有较高的丰度分布，沿着漂移的方向丰度逐渐递减，偏西产卵场由于输运整体偏西北，使在浙江沿岸、长江口、舟山外海有较高的丰度分布，但偏东产卵场由于输运整体偏东南，沿黑潮有呈长带状的高丰度分布，但在中国沿岸没有丰度分布。

6月末，3个模拟试验产卵全部结束，都达到了产卵的最大值2.17×10^{12}个，不再有仔鱼补充进来，可以清楚地看出，此时存活量有较大的差异，偏

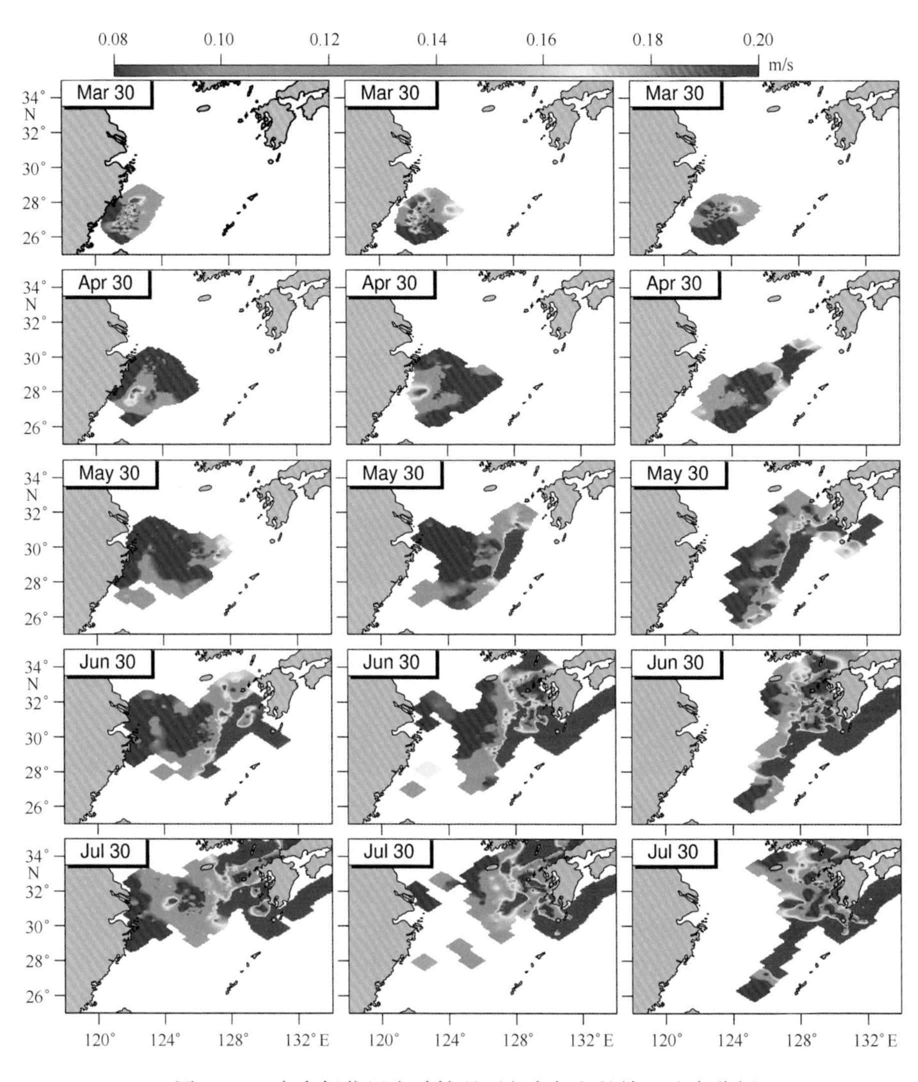

图3-35 产卵场位置变动情况下鱼卵仔鱼的输运速率分析

东的产卵场对鱼卵仔鱼的存活影响很大，只存活 9.24×10^8 个个体，而偏西和正常产卵存活 1.10×10^9 个和 2.52×10^9 个个体，死亡率为偏东>偏西>正常。偏西产卵场仍在浙江沿岸、长江口、舟山外海有较高的丰度分布，同时由于漂移的原因，在江苏沿岸也出现了较高的丰度分布，靠近黑潮附近的输运路径上，由于输运的原因不断有新鱼卵仔鱼的补充作用，使该海域出现高的丰度分布，总体的分布趋势是北低南高。偏东产卵场由于受黑潮影响较大，输运速率大，混合剧烈，在局部出现高丰度分布的斑块。

7 月末，模拟结束，偏西、正常和偏西产卵场最后存活仔幼鱼为 6.65×10^{8} 个、7.67×10^{8} 个和 5.07×10^{8} 个个体，这说明正常产卵场在鱼卵仔鱼的输运过程中存活的几率最大，而偏西的产卵场比偏东的产卵场死亡率要低，也再一次说明，模型中设定的正常产卵场位置在存活率方面，是 3 个产卵场中最佳产卵位置。

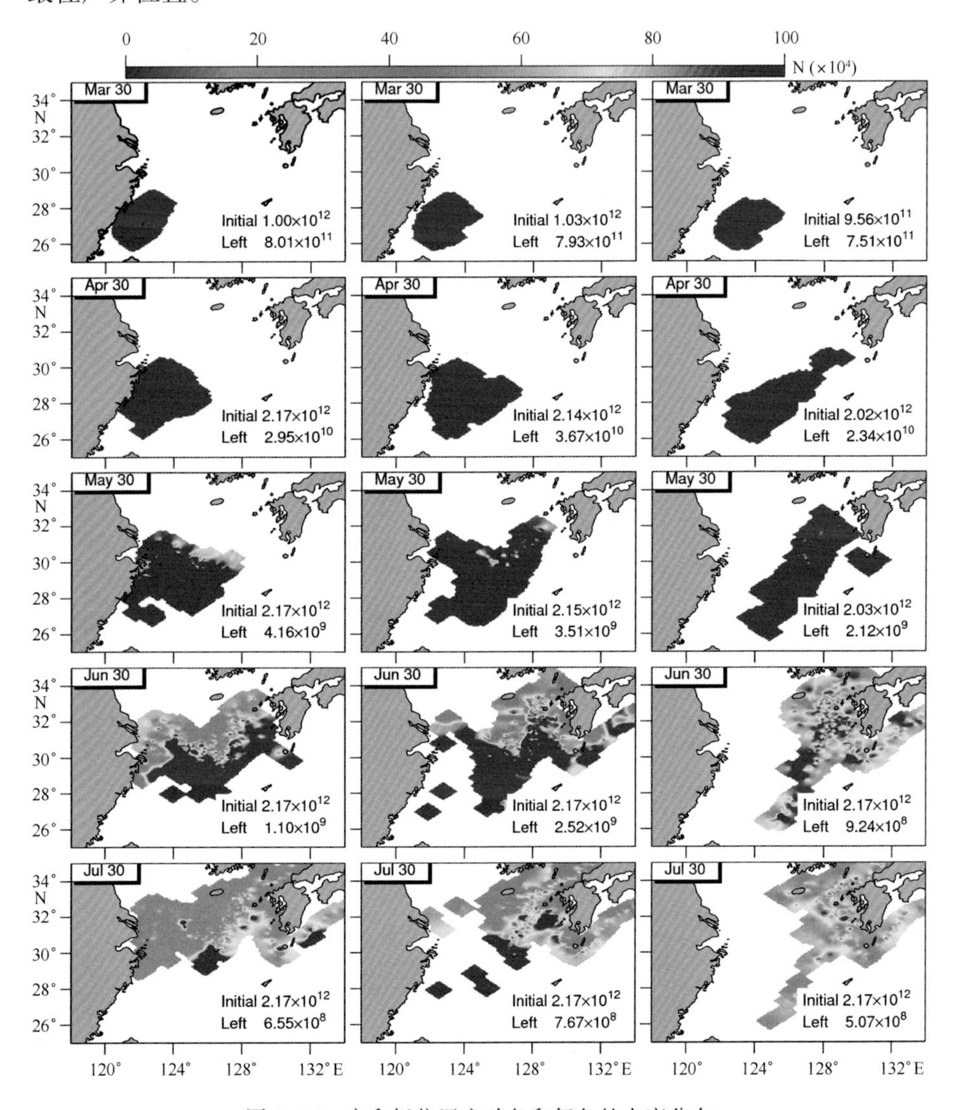

图 3-36　产卵场位置变动鱼卵仔鱼的丰度分布

3.5.1.5　仔幼鱼的生长对比

图 3-37 中显示的是不同产卵场在输运过程中鱼卵仔幼鱼平均生长情况，可以看出在生长的最初期，3 月末由于刚开始发育，3 个产卵场体长基本上相差不多，约为 3 mm。4 月末，正常和偏西平均体长约达到 16.5 mm，偏东相对生成缓慢一些，但也约达到 15.5 mm。5 月末，正常产卵场继续在 3 个产卵场中快速生长，平均体长约达到了 55 mm；偏西相对正常产卵场平均体长要小，为 47 mm。偏东的还是发育最慢的产卵场，为 45 mm。6 月份继续持续了 5 月份的生长趋势，正常产卵场平均体长约为 104 mm，偏西为 93 mm，偏东为 92 mm。在模拟结束的 7 月末，平均体长的差距有所减少，正常产卵场为 126 mm，偏西为 123.7 mm，偏东为 123.5 mm。总之，随着时间的推移，生长有所差异，在模拟的最后，正常产卵场中个体的生长一直是 3 个产卵场中最好的，偏东和偏西产卵场生长发育基本上没有太大的差异，如果以生长为评判条件为 3 个产卵场排序，即正常>偏西>偏东，即正常产卵场应当是 3 个产卵场中的最佳产卵场，在此产卵场产的鱼卵仔幼鱼能够在输运过程中得到更加有利的生长和发育。

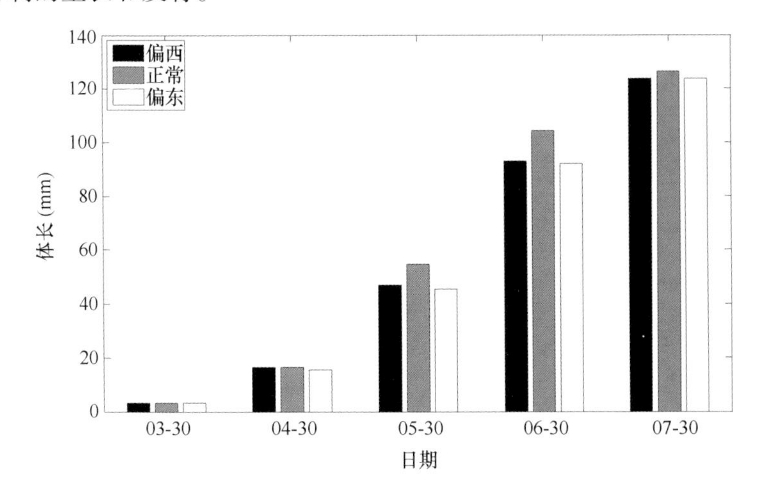

图 3-37　不同产卵场鲐鱼仔幼鱼体长情况

为什么会出现上面的生长差异，我们分析一下 3 个产卵场在输运过程中仔幼鱼所处的物理环境，找出影响生长发育的物理因素。通过对 3 个产卵场物理环境进行统计分析，图 3-38 中显示了 3 个产卵场在向 4 个育肥场输运过程中平均水深对比情况。可以看到，在向各育肥场输运过程中，在开始的 15

d左右时间里，3个产卵场的水深基本上相差不大，都是在近表层40 m水深处波动，但偏东产卵场的仔幼鱼在后续的输运过程中由于受到黑潮的影响，所处的平均水深在3个产卵场中始终是最深的，偏西的始终是最浅的，输运到4个育肥场的仔幼鱼在输运过程中水深随时间的变化基本相同，即输送到偏北的对马海峡和济州岛育肥场的平均水深要比输送到偏南太平洋和九州岛育肥场的平均水深要浅。表3-2列出了在最后一个月初、中旬和月末的平均水深统计数据，从表中可以清楚地看出不同时刻3个产卵场在不同育肥场中的平均水深。模拟的结果，偏东的太平洋育肥场中的平均水深深达658.8 m，远远大于正常（410.6 m）和偏西（263.8 m），此深度应当不太适合仔幼鱼的生长，这也是为什么偏东产卵场的鱼卵仔幼鱼发育生长不如其他两个产卵场和死亡率偏高的原因。

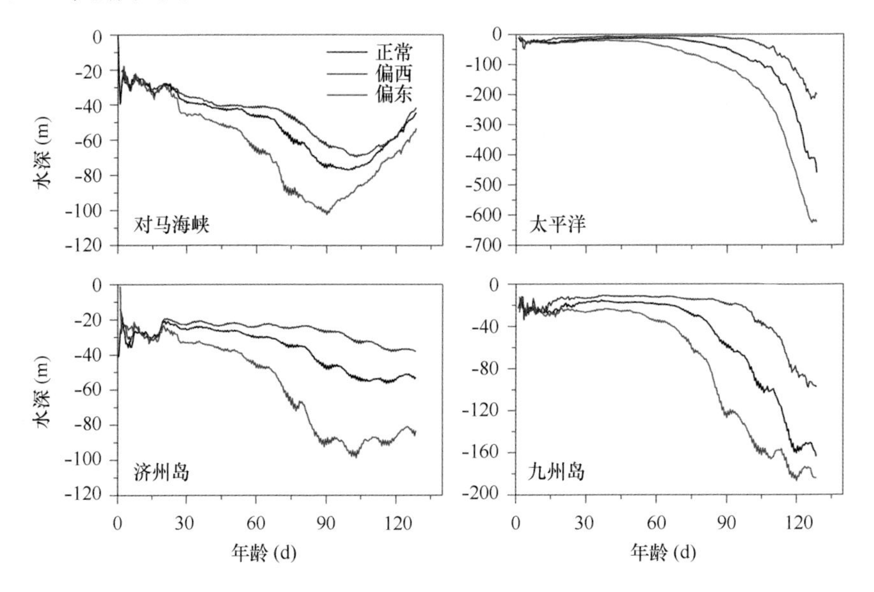

图3-38 产卵场位置变动在向4个育肥场输运过程中平均水深对比

表3-2 不同时刻产卵场位置及产卵场到达各育肥场平均水深 单位：m

产卵场变动	7月1日				7月15日				7月30日			
	对马海峡	太平洋	济州岛	九州岛	对马海峡	太平洋	济州岛	九州岛	对马海峡	太平洋	济州岛	九州岛
偏西	—	47.9	31.3	34.2	61.1	228.0	36.8	58.7	42.0	263.8	36.8	96.5
正常	93.8	144.0	53.4	86.3	64.0	274.2	55.0	121.9	49.5	410.6	52.3	156.9
偏东	87.4	261.6	85.0	140.8	75.6	413.8	82.0	158.1	68.2	658.8	81.0	179.3

在平均深水分析的基础上，我们再对 3 个产卵场在向 4 个育肥场输运过程中平均水温进行对比。从图 3-39 中可以看出，在 4 个育肥场中水温分布和水深呈相同的趋势，一般水温随着深水的增加而降低，由于偏东产卵场的仔幼鱼所处的平均水深在 3 个产卵场中始终是最深的，偏西的始终是最浅的，所以偏东产卵场所处的平均水温也是最低的，偏西产卵场相对是最高的。但并不是水温越高，仔幼鱼生长就越快，仔幼鱼的发育有个最适宜温度（=20℃），从图 3-39 中可以看出，4 个育肥场中正常产卵场最接近适宜温度，这也是为什么正常产卵场仔幼鱼的生长好于其他两个产卵场的原因。另外，我们也通过统计表来对比在最后一个月初、中旬和月末的平均水温数据，从表 3-3 可以看出，在最后一个月，太平洋海域部分育肥场由于强烈的湍流，任何时刻仔鱼所处的平均水深都比其他 3 部分育肥场要深，但由于黑潮的高温高盐特性，3 个产卵场中太平洋育肥场平均水温并不是最低的，在有些时刻（例如 7 月 1 日）的平均水温（=19.9℃）还是最适合温度范围，这也解释了为什么在模拟的后期，偏东和偏西产卵场生长差异不是很大的原因。

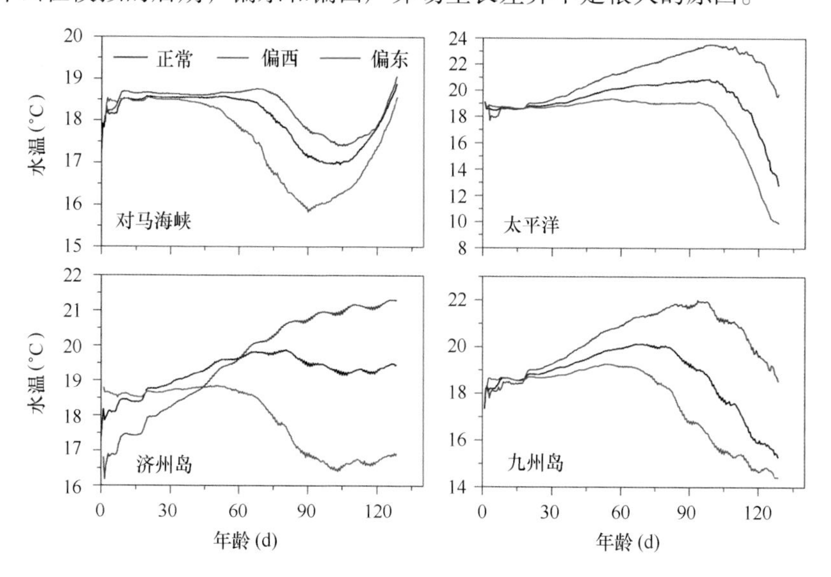

图 3-39　产卵场位置变动在向 4 个育肥场输运过程中平均水温对比

表 3-3 不同时刻产卵场位置变动到达各育肥场平均水温 单位:℃

产卵场变动	7月1日				7月15日				7月30日			
	对马海峡	太平洋	济州岛	九州岛	对马海峡	太平洋	济州岛	九州岛	对马海峡	太平洋	济州岛	九州岛
偏西	—	23.1	20.7	21.2	17.3	22.3	20.8	21.7	19.0	22.2	21.2	18.6
正常	15.9	22.8	19.0	19.0	17.2	20.7	19.0	17.3	18.7	17.4	19.5	15.6
偏东	15.8	19.9	16.8	17.2	16.7	17.3	16.9	15.6	17.8	14.9	17.0	14.6

3.5.2 产卵深度变动的影响

水体沿垂向的流速和流向在不同深度上往往会有很大差别，甚至在一定的深度可能还会有与表层方向相反的流速，个体垂直位置对它们的水平运动可能会产生影响。从上面的资料我们知道鲐鱼母体一般产卵在 10 m 水深，但有的资料也说鲐鱼产卵水深范围在 0~30 m，所以在下面我们做以下对比试验。产卵场位置设在正常产卵位置，但产卵深度有所不同，一个将产卵深度变浅。设在 5 m 水深，即在 5 m 深度正态分布；另一个将产卵深度加深，设在 15 m 水深。在相同流场的驱动下，这两个对比试验和正常 10 m 产卵深度进行对比，研究对鲐鱼鱼卵仔鱼的输运、分布及丰度影响的情况。

3.5.2.1 仔幼鱼输运和丰度分布对比

从图 3-40 上可以看到，在开始产卵的 3 月份，因为才开始向西北育肥场输运，3 个产卵深度模拟试验个体分布差别非常小。在产卵的高峰 4 月份，2 个产卵深度的对比试验和正常深度鱼卵仔幼鱼的输运分布也十分相似。5 月份产卵基本结束，由于模型中的产卵母体在产卵场随机游泳的影响，在产卵的后期形成超级个体过程会有些差异，所以在输运的后端，会有些小的差异，但这并不完全是产卵深度引起的差异。在 6 月份已经有部分仔幼鱼开始向对马海峡和太平洋输运，发现输运中的分散趋势情况也和正常深度产卵基本相差不多。在模拟的最后 7 月份，除了最后几个形成的超级个体会有所差异外，3 个模拟试验整体的输运和分布情况没有太大的差异。

我们对 7 月份 3 个模拟试验到达各育肥场的仔幼鱼进行统计，从表 3-4 中纵向对比可以看出，在 7 月初、中旬和月末 3 个模拟试验到达对马海峡、济州岛、九州岛和太平洋 4 个育肥场的比例没有太大的差异，再一次用数据证明了产卵深度对鱼卵仔幼鱼的输运和分布影响不大。

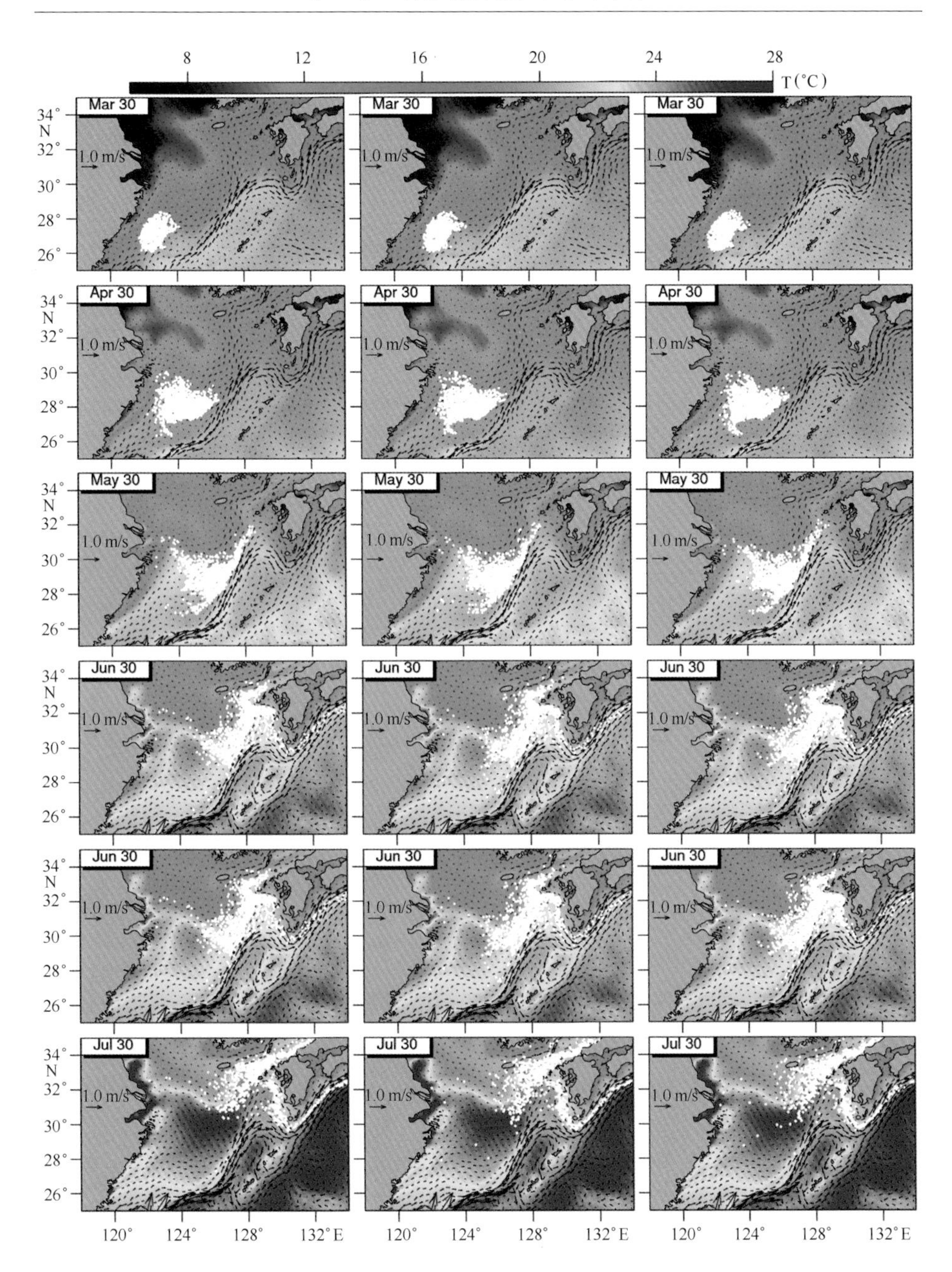

图 3-40　产卵水深变动个体输运分布的对比

（左：5 m，中：正常 10 m，右：15 m，下同）

表 3-4 产卵深度变化到达各育肥场比例

产卵深度变动	7月1日				7月15日				7月30日			
	对马海峡	太平洋	济州岛	九州岛	对马海峡	太平洋	济州岛	九州岛	对马海峡	太平洋	济州岛	九州岛
-5 m	0.00	0.04	0.72	0.24	0.06	0.11	0.62	0.20	0.17	0.22	0.46	0.16
正常	0.00	0.04	0.73	0.23	0.07	0.10	0.63	0.20	0.19	0.20	0.46	0.15
-15 m	0.00	0.03	0.71	0.26	0.07	0.12	0.62	0.19	0.18	0.22	0.46	0.14

既然产卵深度对输运分布影响不大，那么我们再分析产卵深度对丰度分布是否有影响。图 3-41 中可以看出由于丰度分布和输运分布相似，除了在输运路径的后端由于生物随机造成的差异外，3 个模拟试验丰度分布趋势相差不大。但 3 个产卵深度对仔幼鱼的存活率有一定的影响。从图中标注的统计数据可以看出，在产卵趋于结束的 6 月份以后，3 个模拟试验都达到了相同的产卵总数 2.17×10^{12} 个，正常产卵水深存活的仔幼鱼最多，为 2.53×10^{9} 个，而 5 m 水深和 15 m 水深对比试验死亡率比正常水深要高，15 m 相对于 5 m 存活要多一些。在模拟结束的 7 月末，正常产卵水深存活仔幼鱼 7.67×10^{8} 个，5 m 存活 6.11×10^{8} 个，15 m 存活 6.64×10^{8} 个，所以从死亡率方面考虑，正常产卵水深应当是产卵的最佳水深，排序为正常 > 15 m > 5 m。

综上所述，产卵深度的变动对鱼卵仔鱼的输运和丰度分布没有太大的影响，但加大了鱼卵仔幼鱼的死亡率。

3.5.2.2 所处物理环境的对比

本节将对 3 个产卵深度在输运过程中所处的物理环境进行分析，分析为什么会产生上面的现象。图 3-42 中显示了向 4 个育肥场输运过程中的水深变动情况，从图中可以看出，虽然 3 个模拟试验在最初产卵被设定不同深度，但随着时间的推移，在输运过程中，由于垂向流速和随机游走的作用，经不长时间的漂移，3 个模拟试验中仔幼鱼的平均水深基本上没有差异，在很小的差别范围波动，包括在输运后期深度急剧加深的九州和太平洋育肥场。因为在输运的绝大部分时间里，所处的水深基本相似，这也解释了为什么 3 个模拟试验的输运和丰度分布基本相似的原因。

同样我们也对 7 月初、中旬和月末 3 个模拟试验的平均水深和水温进行

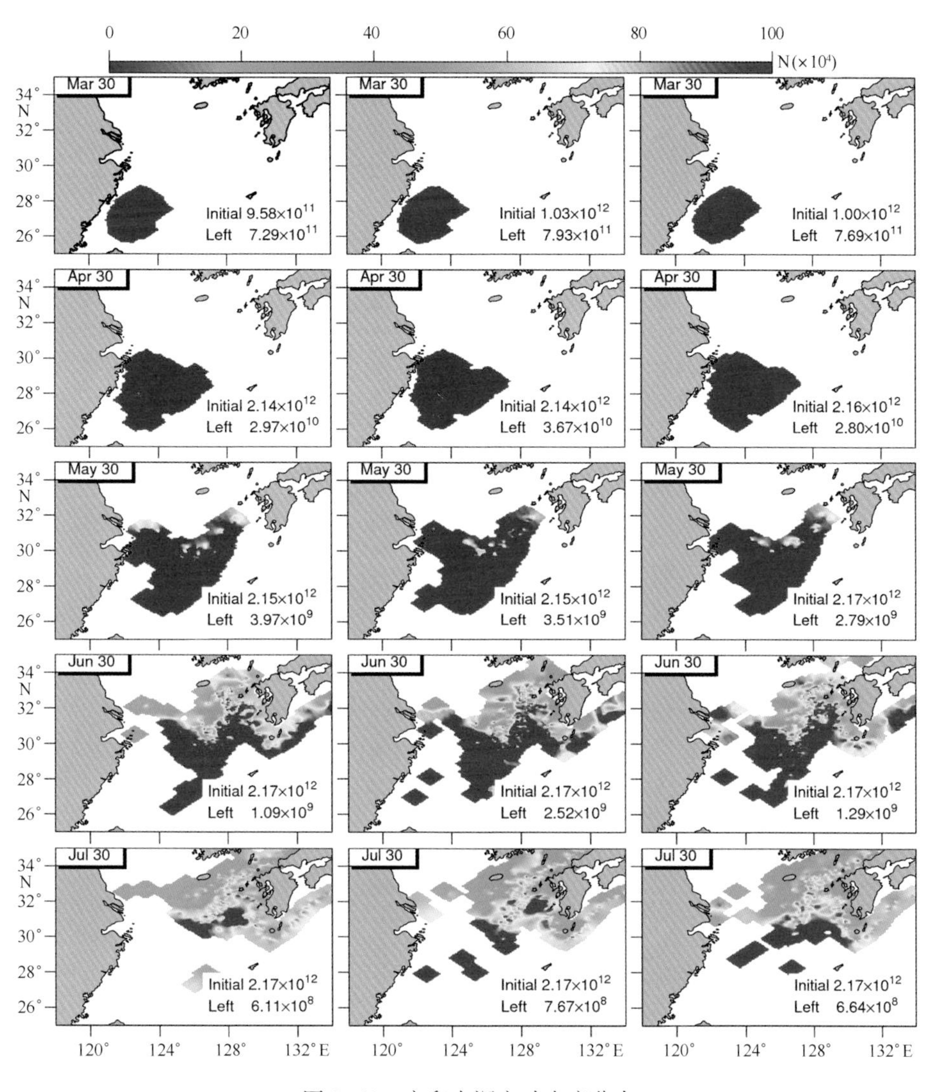

图 3-41　产卵水深变动丰度分布

数据的对比，在表 3-5 和表 3-6 中纵向数据对比可以看到，水深和水温的差距虽然不是很大，但也有一些小的差异，在非线性海洋中导致的这种差异，可能会对环境敏感仔幼鱼的鱼卵存活产生影响，最后导致 5 m 和 15 m 水深的仔幼鱼死亡率增加。

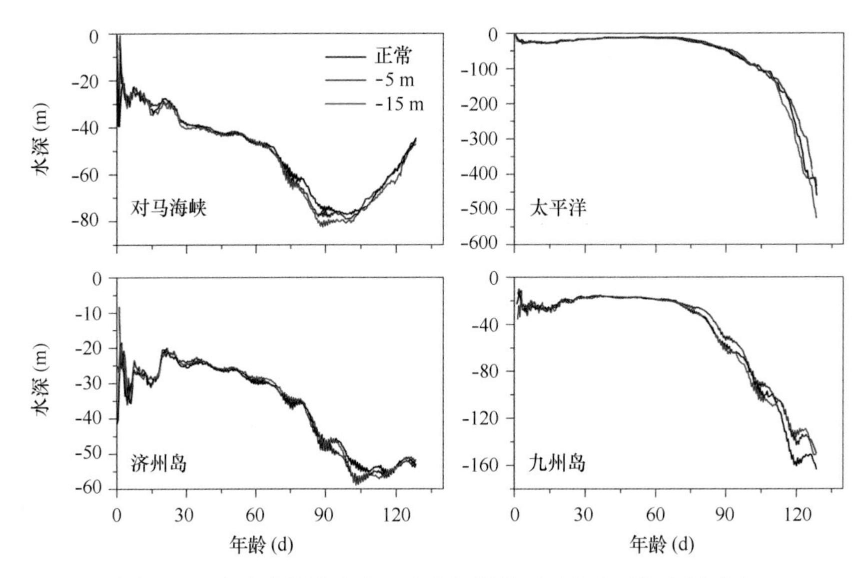

图 3-42　各产卵深度在向 4 个育肥场输运过程中平均水深对比

表 3-5　不同时刻 3 个产卵深度到达各育肥场平均水深　　单位：m

产卵深度变动	7月1日				7月15日				7月30日			
	对马海峡	太平洋	济州岛	九州岛	对马海峡	太平洋	济州岛	九州岛	对马海峡	太平洋	济州岛	九州岛
5 m	79.8	142.8	56.4	75.2	61.5	272.7	56.6	114.1	49.2	403.5	52.1	146.2
正常	93.8	144.0	53.4	86.3	64.0	274.2	55.0	121.9	49.5	410.6	52.3	156.9
15 m	84.2	173.2	55.3	82.6	64.5	286.8	57.1	113.9	54.1	440.9	50.9	142.5

表 3-6　产卵水深变动到达各育肥场平均水温　　单位:℃

产卵深度变动	7月1日				7月15日				7月30日			
	对马海峡	太平洋	济州岛	九州岛	对马海峡	太平洋	济州岛	九州岛	对马海峡	太平洋	济州岛	九州岛
5 m	16.5	22.6	18.9	19.7	17.5	21.3	19.0	17.8	18.6	18.0	19.5	15.9
正常	15.9	22.8	19.0	19.0	17.2	20.7	19.0	17.3	18.7	17.4	19.5	15.6
15 m	15.5	22.5	19.1	19.4	17.3	20.1	19.1	17.7	18.6	17.1	19.6	16.0

3.5.3 小结

（1）产卵场位置的变动，对鱼卵仔幼鱼的输运分布产生很大的影响；偏西的产卵场由于受台湾暖流的影响较大，输运整体偏西北，在输运的过程中有大量仔幼鱼在中国沿海滞留和过境，最后绝大部分输运到了偏北的济州岛育肥场；偏东的产卵场由于受黑潮影响较大，整体输运偏东南，在输运的过程中几乎就没有鱼卵仔鱼漂移到中国沿海附近，并且漂移速度很快，最后输运到偏南太平洋育肥场数量增多。

（2）偏西产卵场开始输运速度较小，导致大量仔幼鱼长时间滞留在长江口、舟山外海和济州岛育肥场，使输运到对马海峡的仔幼鱼数量不多，输运到九州岛附近海域的仔幼鱼受到黑潮的影响，出现了高输运速率；偏东的产卵场一贯保持了高输运速率，低滞留时间的特点，导致鱼卵仔鱼源源不断地向太平洋育肥场输运，使此处仔幼鱼数量将不断增加。

（3）偏西产卵场在浙江沿岸、长江口、舟山外海、江苏沿岸、黑潮附近有较高的丰度分布，总体的分布趋势是北低南高；偏东产卵场在输运路径上有较高分布，在中国沿海没有丰度分布；正常产卵场在鱼卵仔鱼的输运过程中存活的几率最大，而偏西的产卵场比偏东的死亡率要低，模型中设定的正常产卵场位置在存活率方面，应该是 3 个产卵场中的最佳位置。

（4）正常产卵场中仔幼鱼的生长一直是 3 个产卵中最适的，偏东和偏西产卵场生长发育基本上没有太大的差异，偏西的略好于偏东的，正常产卵场在生长方面也应当是 3 个产卵场中最佳产卵场。原因是正常产卵场的仔幼鱼处于适合的水深和水温环境中。

（5）产卵深度的变动对鱼卵仔鱼的输运和丰度分布没有太大的影响，但在所处水深和水温的小差异却导致了 5 m 和 15 m 产卵深度鱼卵仔幼鱼的死亡率的增加。正常产卵深度（10 m）是最佳产卵深度。

第4章 鲐鱼仔鱼游泳移动对输运和集群的影响

在以上的数值模拟中，忽略了鲐鱼早期的5个生长阶段的生物行为特征和活动能力，假设对其输运的影响可以不计，即在模型中仔幼鱼在3维物理场中完全被设定为被动漂流，没有考虑仔幼鱼后期日益增强的游泳和移动能力，着重研究物理环境（例如流场）对鱼卵仔鱼输运的影响。虽然代表鱼卵仔鱼的质点有生长死亡的生物学性质，但不具有完全生物学行为的活动粒子，结果因此往往不具有生物意义，并不都能代表真实的输运情况。

在鲐鱼生长阶段的卵、仔鱼早期和仔鱼阶段，由于处在刚刚发育阶段，即使有微弱的移动能力，相对与周围的流场可以忽略不计。但幼鱼早期阶段，完成了骨骼化，游泳能力和抵抗潮流的能力将会逐渐加强，具有向适宜环境移动的生物意图。在现实的物理环境中仔幼鱼的活动能力可能会对运输产生影响，在本章的模拟试验中，我们增加仔幼鱼和成鱼的游泳和移动能力，研究游泳行为对输运的影响，初步探讨成年鲐鱼的集群和形成渔场的动力学因素。

4.1 运动规则

IBM可以有效解决鱼个体特征和行为的差异性，其特征差异性体现在鱼的长度和重量，行为差异性体现在对水环境因子的不同响应，因为同一种类个体对不同水环境条件变化的响应将是不同的。不考虑食物胁迫和捕食作用的情况下，鱼的运动和物理环境条件的共同作用决定了鱼在海洋中的空间分布，是本模拟的重要假设。运输过程中幼鱼的运动通常涉及垂直位置移动和水平方向的移动。幼鱼先在垂向移动到最适合水层，然后在此水层深度再沿水平方向向最适合网格（环境）进行移动，在移动过程中将受到周围流场的影响，程序中具有游泳能力仔幼鱼的计算流程如图4-1所示。

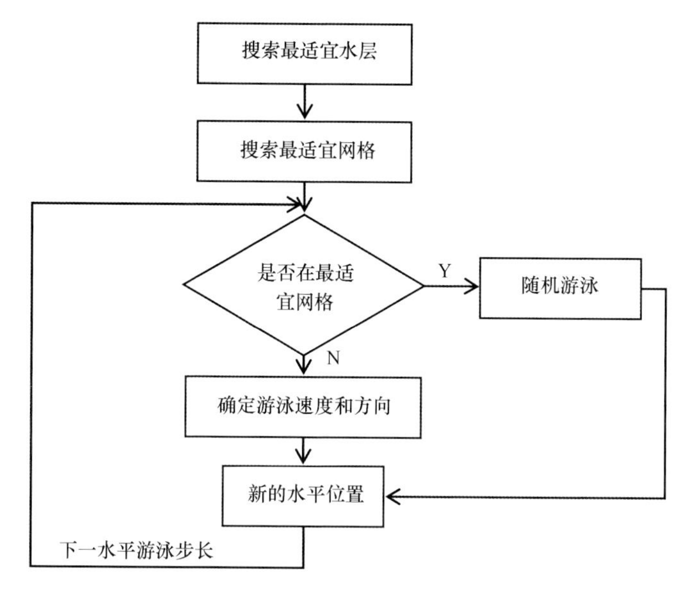

图 4-1　游泳子程序计算流程图

幼鱼在海洋中的移动是根据适合度（Fitness）理论（Steven 等，2005）来进行的，适合度是个体对具体环境的适合度，不能脱离环境讨论个体的适合度。在这一理论中，假定个体能够有效地感知外界和身体内部的信息，能够利用这些信息计算当前适合度，也能预测自身在相邻适环境中的适合度，进而决定下一步的行为。

在本模拟中以三维水动力模型的计算结果作为鱼类模型的输入条件，根据建立的鱼对水环境因子的响应关系，计算仔幼鱼在下一时刻垂向和水平运动的位置，这个响应关系建立，是根据幼鱼的最佳栖息地指数来确定适宜度，如图 4-2 所示，幼鱼在所处的网格中，它有向周围各个网格移动或滞留在当前网格的意图，适宜度的计算是根据各个网格的环境条件。尽管影响鱼类动态的因素很多，但是对于特定的系统通常只有几个因子起关键作用，这对于模型概化非常重要，在本模型中主要考虑了温度、温度梯度、盐度、盐度梯度、距离、上升流和鱼群密度 7 个因子。先计算并求得所有网格中各因子的量，计算公式为：

$$c(i,j)=f(t(i,j),t(i,0)) \tag{4-1}$$

式中：$t(i,j)$ 是环境因子 i 在网格 j 中的值，$t(i,0)$ 是环境因子 i 在当前网格中的值或设定的最佳环境量，通过公式计算出所有相邻网格中因子 c

(i, j) 值，再取各因子 i 的 $c(i, j)$ 最小和最大值，公式为：

$$c_{i\min} = \min(c(i, 1), c(i, 2), \cdots)$$
$$c_{i\max} = \max(c(i, 1), c(i, 2), \cdots) \tag{4-2}$$

然后对计算网格中各个因子进行归一化并依次累加。

温度、温度梯度、盐度、盐度梯度、距离、上升流和鱼群密度计算公式为：

$$T_{jopt} = 1 - \frac{|T_j - T_{opt}| - T_{\min}}{T_{\max} - T_{\min}} \tag{4-3}$$

$$T_{jgrad} = \frac{|T_j - T_0|/Dis_j - T_{g\min}}{T_{\max} - T_{\min}} \tag{4-4}$$

$$S_{jopt} = 1 - \frac{|S_j - S_{opt}| - S_{\min}}{S_{\max} - S_{\min}} \tag{4-5}$$

$$S_{jgrad} = \frac{|S_j - S_0|/Dis_j - S_{g\min}}{S_{\max} - S_{\min}} \tag{4-6}$$

$$Dis_{jopt} = 1 - \frac{Dis_j - Dis_{\min}}{Dis_{\max} - Dis_{\min}} \tag{4-7}$$

$$W_{jopt} = \frac{W_j - W_{\min}}{W_{\max} - W_{\min}} \tag{4-8}$$

$$Den_{jopt} = 1 - \frac{Den_j - Den_{\min}}{Den_{\max} - Den_{\min}} \tag{4-9}$$

我们采用算术加权法计算每个网格的适宜度，其表达式为：

$$p_j = T_{jopt} \cdot w_1 + S_{jopt} \cdot w_2 + Dis_{jopt} \cdot w_3 + Den_{jopt} \cdot w_4 + T_{jgrad} \cdot w_5 + S_{jgrad} \cdot w_6 + W_{jopt} \cdot w_7$$

$$\sum_{i=1}^{7} w_i = 1 \tag{4-10}$$

式中：p_j 是网格中 j 中的适宜度；w_i 为参数 i 所占的权重，最适宜网格应当是所有网格中 p_j 最大值：

$$p_{opt} = \max(p_j) \tag{4-11}$$

式中：p_{opt}为适宜度，范围为 0~1，幼鱼有向更佳适宜度网格移动的意向，个体根据搜寻计算周围网格适宜度，找到最大适宜度网格，来决定先一步的意图，即如果幼鱼相邻的某个网格的适宜度比现在幼鱼所处的网格好（对幼鱼的吸引力较大），即该网格更加适宜栖息。幼鱼根据适宜度大小调整游泳速度，与当前网格适宜度相差越大，游泳速度越快，当游到理想的网格，在程序里我们设定幼鱼在该网格里将进行随机游泳。如果当前所处网格就是最佳适宜度网格，那么幼鱼可在当前网格中随机游泳。

在刚游泳的初期，幼鱼游泳速度慢，虽然可能有向比较理想的环境中迁移的意向，但幼鱼周围流场的作用，可能使幼鱼无法成功地游到理想的网格中去，而是被流挟持带走，但随着游泳能力的逐渐增强，抗拒潮流的能力也随之增强，就会使幼鱼迁移到适合的环境中去。

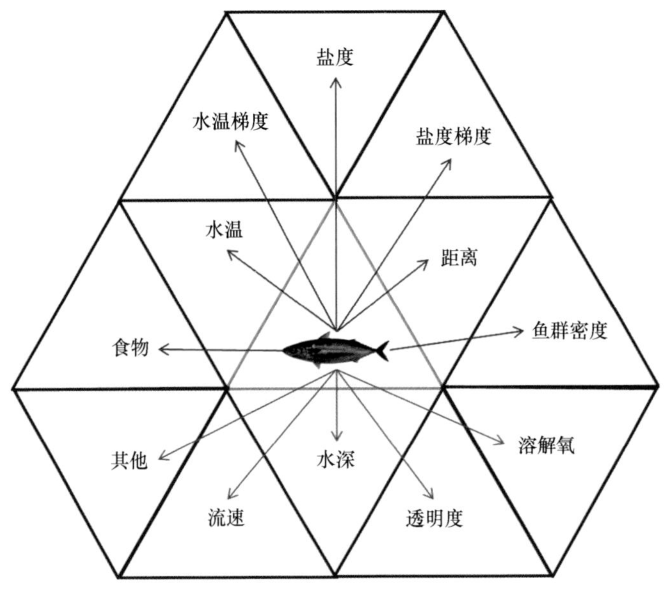

图 4-2　程序中幼鱼在网格中移动示意图

4.2　模型的设定

Hunter 在实验室里测定了鲐鱼仔鱼的游泳速度，测得在 3~5 mm 体长时就有大约 30 次/s 很高的摆尾频率和 0.16 倍标准体长低摆尾振幅。并且瞬时游泳速度显著增长；测到体长 3.6 mm 时为 0.46 cm/s；体长 15 mm 时为 5.6 cm/s。在仔鱼逐渐生成中，游泳速度不是相对体长的增长呈对数增加的，而是相对增长在减少（Webb，1975）。

$$S = \alpha 2.780L^{1.753}\ (\mathrm{cm/s}) \qquad 0<L<1.5\ \mathrm{cm} \tag{4-12}$$

$$S = \alpha 3.5L \qquad 1.5\ \mathrm{cm}<L \tag{4-13}$$

式中：L 为幼鱼体长；α 是根据适宜度进行调节的系数（0-1），在模型中我们设定幼鱼的正常游泳和体长相关，当体长小于 15 mm（仔鱼阶段）时游泳速度为按体长对数关系；当仔鱼完成变态后，即体长达到 15 mm 以后，幼鱼游泳速度将是体长 3.5 倍的线性关系。

苗振清（1993）认为东海北部鲐鲹鱼幼鱼与成鱼都有一定的适应温度与盐度(表 4-1)。鲐鲹鱼成鱼适应温、盐范围较小，其栖息空间的温、盐范围分别为 20~28℃和 27~34。

表 4-1 鲐鲹鱼适应的温、盐范围

鱼龄	成鱼		幼鱼	
水文要素 / 区域	温度（℃）	盐度	温度（℃）	盐度
底层	19~21	33~34.5	19~23	30~34.5
栖息水层	19~25.5	31~34.5	20~28	27~34

引自苗振清，1993

模型中我们设定环境因子的最佳温度跟前面模型中设定的一样为 20℃，最佳盐度选为 33.75。

4.3 模拟结果与分析

从图 4-3 的仔幼鱼分布上可以看出，3 月份和 4 月份分布情况和没有游泳行为的分布基本上相似，是因为此时仔鱼的游泳能力很弱，基本上还是处于被动漂移。随着体长增长，游泳能力逐渐增强。在 5 月末，可以看出在输运路径上的分布有所差异，仔幼鱼有一些能力向适宜度大的栖息地游泳和滞留的趋势，发现在温盐梯度比较大的锋面，靠近暖水的地方开始有所聚集，但潮流和流场的作用还会使大部分仔幼鱼随着流场向东北输运。到 6 月末没有游泳能力的仔幼鱼已经输运到了对马海峡和太平洋育肥场海域，但具有游泳能力在台湾暖流水和长江冲淡水交汇区高盐一侧附近有较多幼鱼分布，以及黑潮锋面附近也有聚集，但潮流还会使其向东北输运，但输运的速度明显降低，最远处只到达九州岛西部外海。7 月份，游泳能力进一步增强，在济州岛南部的黄海暖流温度锋区附近有较多幼鱼的分布，另外，在输运路径上的黑潮锋面靠近暖水一侧附近也有大量幼鱼分布，台湾暖流和长江冲淡水盐度锋面处也有少量幼鱼的分布，在输运路径上，出现了没有幼鱼分布的空隙带，此处可能是幼鱼通过搜索和选择，认为不适合生长的海域，通过游泳能力进行避开此不适宜区域。

从图4-4的丰度分布上可同样看出在3月份、4月份和5月份因为游泳能力弱，与没有游泳能力的模拟试验（图4-4右）相比没有太大差异；6月份和7月份随着游泳能力的增强，仔幼鱼逐渐有了抵抗潮流的能力，在某些适宜海域可以进行长时间聚集滞留，与没有游泳能力在丰度分布上就产生了差异。另外，因为幼鱼有向适宜栖息地游泳的能力，对环境具有一定的选择性，并不是完全依靠潮流的携带到适宜或不适宜的环境中，所以存活率相对与没有游泳能力的模拟试验有所提高。

从图4-5的鱼卵仔幼鱼输运速度可看出，由于幼鱼具有主动游泳能力，尤其在模拟的后期，6月份和7月份有和无游泳能力相比具有相当大差异，无游泳能力的输运速度完全受物理场的决定，但具有游泳能力的幼鱼并不完全受流场影响，有能力抵制潮流的影响，会在某些适宜育肥场进行长期滞留。如6月份，中前端靠近黑潮的高输运速度是黑潮的影响，会使该处仔幼鱼随黑潮快速向东北方向输运。但6月份和7月份济州岛南部的高输运速度应当是该处位于温度锋面附近，幼鱼向适宜度高的海域快速游泳导致的，该区域的高输运并不会使仔幼鱼快速向东北的对马海峡输运，而是在该适宜区域内游泳，并滞留，逐渐集结更多的幼鱼，导致输运到太平洋和日本海的幼鱼数量比没有游泳能力的模拟要少。这些集群的育肥场应当是幼鱼在输运过程中选择的相对比较适宜的栖息地，这种长期滞留使向东北的输运速度变慢，但会加快幼鱼的生长和降低死亡率，对鲐鱼的补充非常有利。

从图4-6中可以看出，具有游泳能力的幼鱼栖息水层较没有游泳能力完全靠物理作用导致的水深变化要浅得多。4月份幼鱼游泳能力弱，基本上和无游泳能力无异，两者基本上差距不大，但在接下来的3个月里，具有游泳能力的幼鱼平均水深始终维持在20 m左右的深度，但没有游泳能力的幼鱼在垂向流（w）和随机游走（湍流）的作用下，所处的水层深度逐渐加深，平均水深由4月末的20 m增长到7月份末超过100 m。所以对于生长和温度密切相关的仔幼鱼而言，必将会影响其的生长和生存。

我们同样模拟了产卵场位置变动所产生的影响。从图4-7中可以看出在输运的初期同样由于游泳能力比较弱，输运分布情况和没有游泳能力的基本相似；但在后期，由于游泳能力的增强，就开始有所差异。6月末，偏

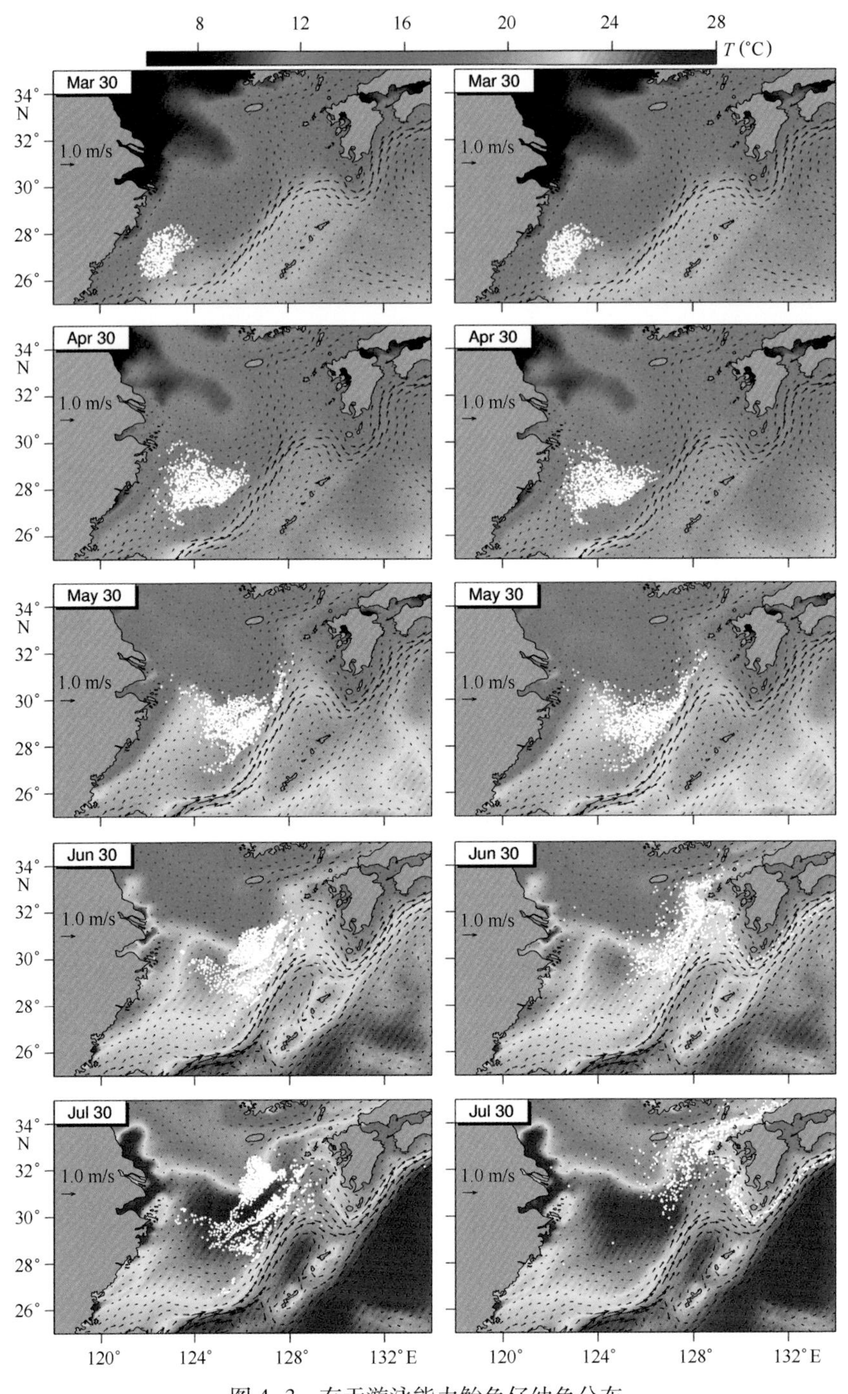

图 4-3 有无游泳能力鲐鱼仔幼鱼分布

（左：有游泳能力，右：无游泳能力，下同）

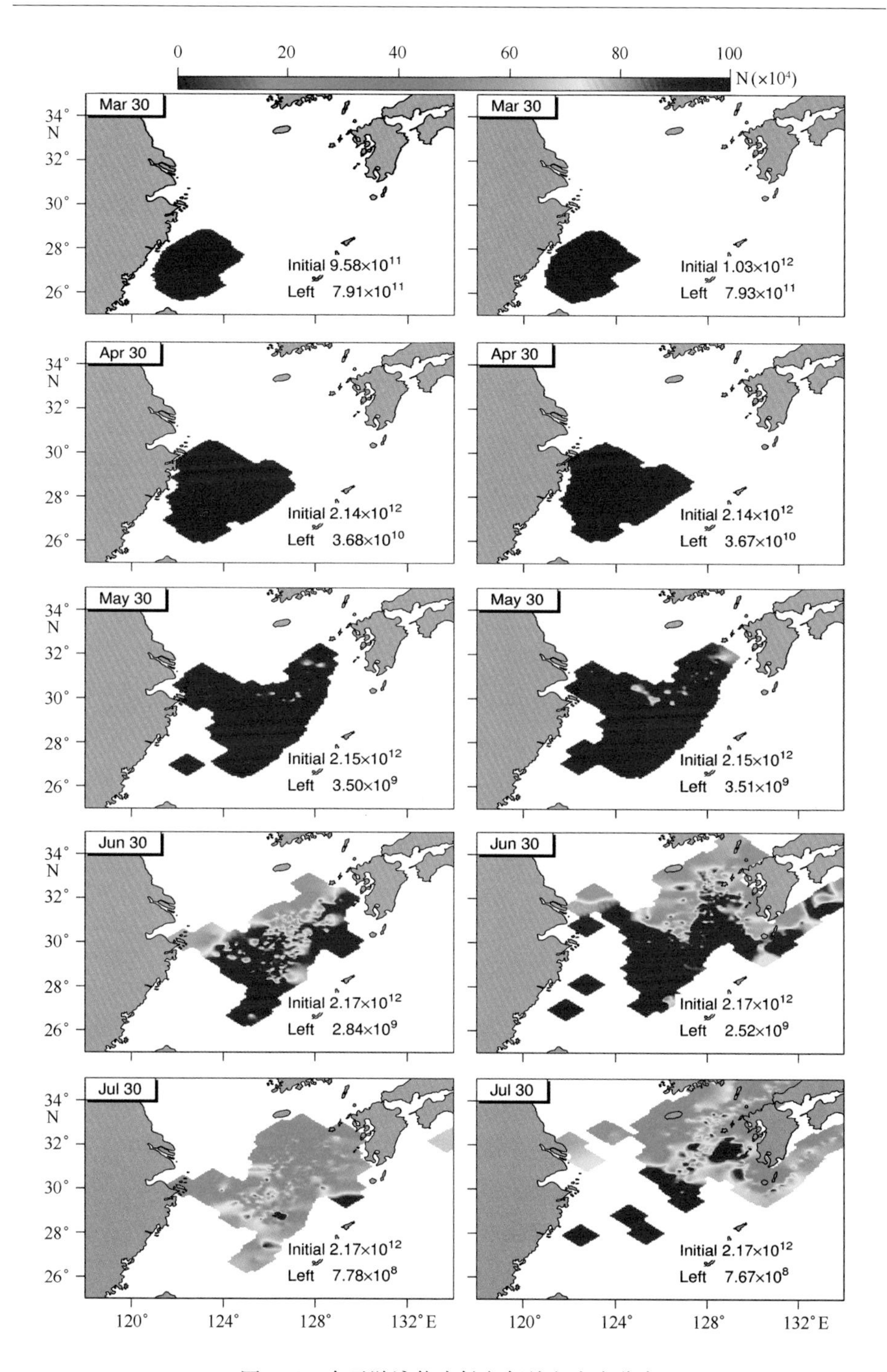

图 4-4　有无游泳能力鲐鱼仔幼鱼丰度分布

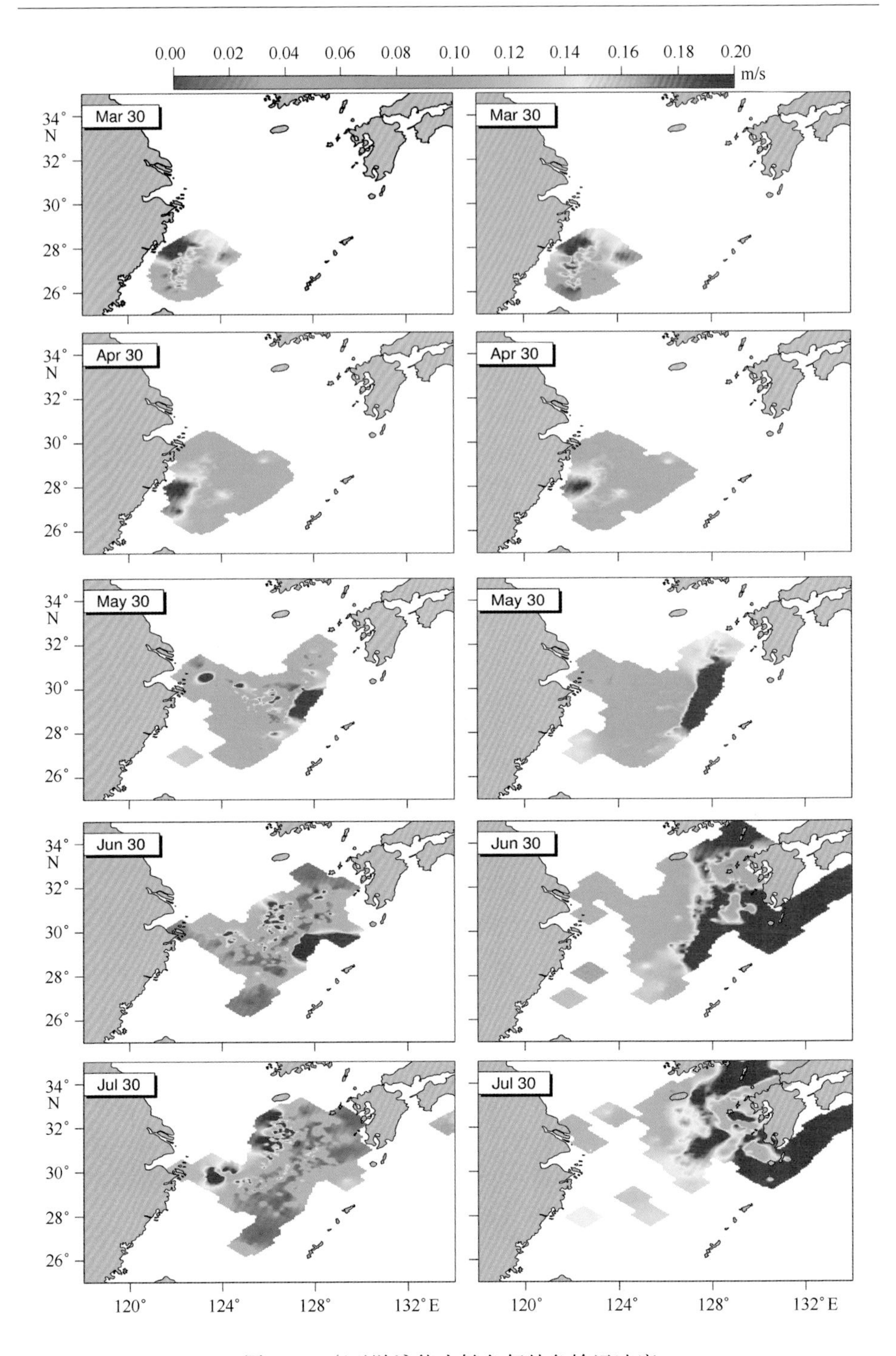

图 4-5 有无游泳能力鲐鱼仔幼鱼输运速度

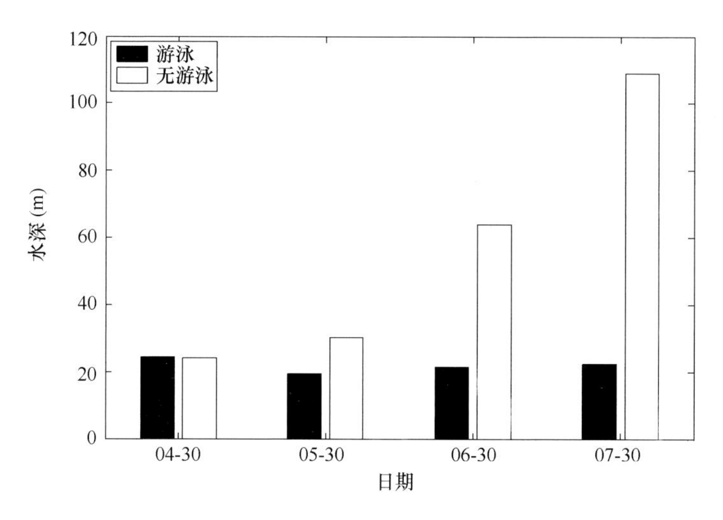

图 4-6　有无游泳能力不同时刻鲐鱼的水深分布

西产卵场聚集主要在偏北的台湾暖流水和长江冲淡水交汇区高温、高盐一侧；偏东产卵场靠近黑潮一侧由于流速较快，仔幼鱼没有形成大量聚集，但在远离黑潮的一侧开始有聚集的倾向。7 月末，偏西的产卵场在济州岛南部的温度锋面高温一侧和主输运路径上呈现有块状和带状的集群出现，并在舟山外海也有不少幼鱼集群。偏东产卵场在温盐锋面附近也出现带状集结的现象。综上所述，3 个模拟试验聚集的海域和分布有所不同，偏西产卵场的集群受台湾暖流影响较大，和正常产卵场相比在东海区偏西集群，偏东产卵场受黑潮影响较大，在东海区偏东集群。说明即使有游泳能力，物理环境和生物因素同样会对鱼卵仔鱼的输运产生影响。另外，与没有游泳能力的模拟相比较，3 个模拟试验输运到太平洋和日本海的幼鱼数量都有所下降。

当前的模型选择了温度、温度梯度、盐度、盐度梯度、距离、上升流和鱼群密度作为适宜度的关键因子，并没有考虑食物、胁迫、捕食和渔业捕捞的影响，但必须指出的是该研究只是在模型中进行了初步的探讨，到底是增加游泳能力和没有游泳能力哪个更贴近实际，还需要结合实际调查进行验证。

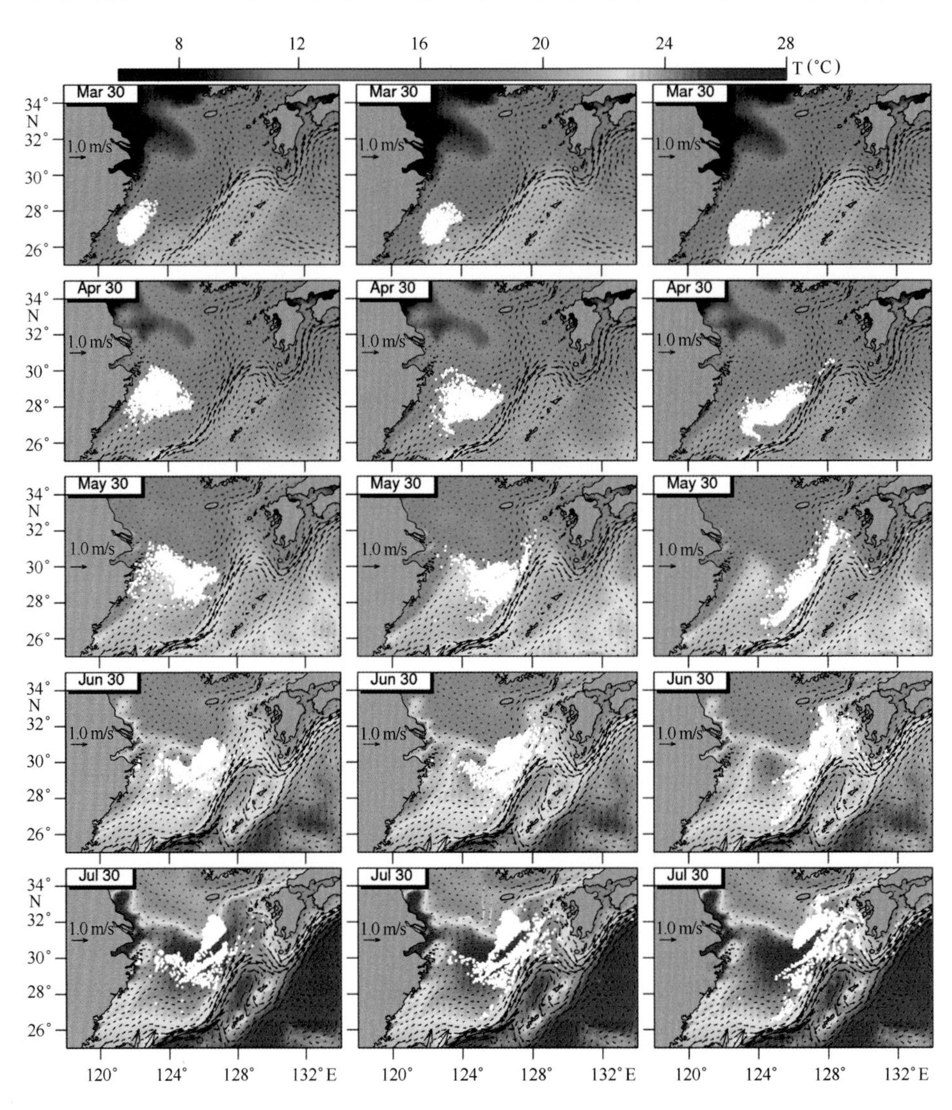

图 4-7　有无游泳能力产卵场位置变动下鲐鱼输运分布

（左：偏西、中：正常、左：偏东）

4.4　成鱼分布模拟

我们将对产卵场的成体产卵成鱼按照以上的运动规则进行模拟，模拟结果和该海域的鲐鱼灯光围网捕捞生产数据（1998—2006 年）进行对比，如图 4-8 所示，可以看到，4 月份成鱼陆续产卵完毕，开始离开产卵场，产卵场 A

和 B 部分成鱼，开始向浙闽沿岸水与台湾暖流水交汇处偏暖水一侧进行索饵洄游；C 和 D 大部分成鱼还在产卵场内索饵，高捕捞产量就出现在产卵场。在 5 月份，A 和 B 部分成鱼受台湾暖流水控制明显，鱼群呈带状主要分布在台湾暖流水舌锋内侧附近，并且一些鲐鱼已经洄游到台湾暖流的前端，并且此处也有高的捕捞产量；C 和 D 部分成鱼开始向东海暖水与黑潮表层水交汇偏暖水一侧进行聚集，该处也有一定的捕捞产量。6 月份一部分鲐鱼继续在台湾暖流水舌锋内侧附近集群，在台湾暖流前端模拟结果中有很高的聚集分布，但并没有捕捞产量在该海域；另一部分在东海暖水与黑潮表层水交汇集结，该处也有一定的捕捞产量。7 月份这种洄游和集群更加明显，基本形成位于台湾暖流锋面、输运路径和黑潮锋面 3 个条带状聚集区，同样在高集结的台湾暖流前端没有捕捞数据，但在黑潮锋面的高聚集区有很高的产量。

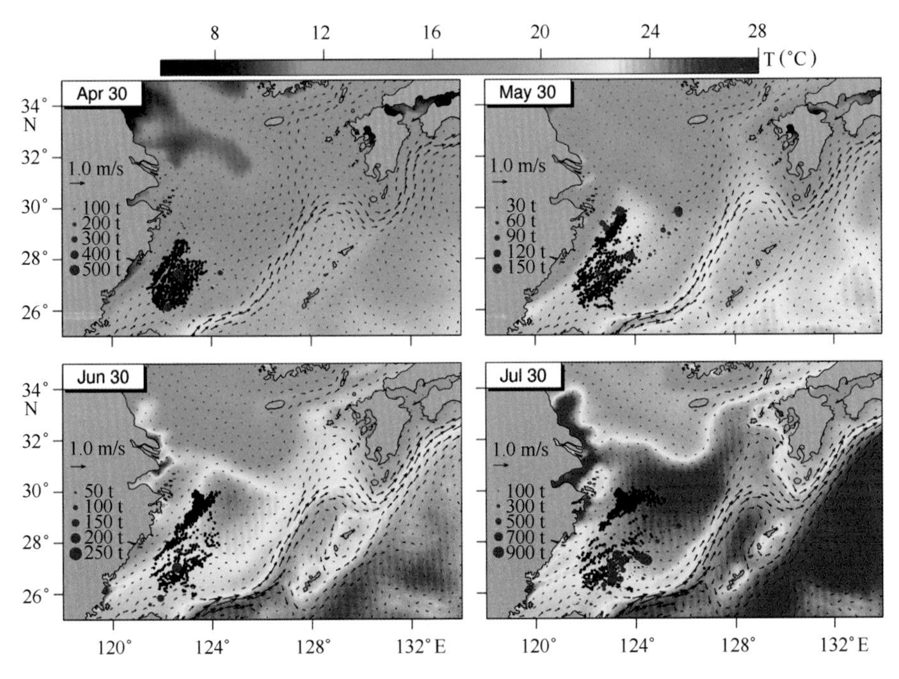

图 4-8　有游泳能力鲐鱼成鱼分布

从图上聚集情况可以看出，鲐鱼渔场往往处于一定温度范围内并在冷暖交汇区偏暖水一侧，温度梯度同鲐鱼分布量关系密切。当沿岸水团势力与外海水团势力相差越悬殊，鲐鱼集群越明显。台湾东北部鲐鱼集群主要受台湾暖流、大陆沿岸水、黑潮影响。在台湾暖流和沿岸水交汇的锋面附近有大量的鲐鱼分布，所以台湾暖流的位置对鱼群的分布影响应当是最大的，并受其控制，台湾暖流的强弱、退缩快慢应当影响渔场的位置与渔期。在黑潮与中国大陆沿岸水形成的潮境区域，即澎佳屿至钓鱼岛一带海域也有大量的鲐鱼分布。

总之，模拟的聚集成群区域与实际捕捞高产位置相比，基本上能够比较好地重合，但也存在一些差异，如 6 月和 7 月中模拟有高聚集区的分布但没有生产数据，这可能由于捕捞生产的随机性，在该处没有进行捕捞生产，并不能完全代表实际的鱼群分布位置。但有一些海域有高的捕捞产量，但模拟结果却没有高的聚集分布，可能是该处的鲐鱼与模拟中产卵场中鲐鱼不是同一种群或模型的设置存在一定的问题。需要指出的是，由于鱼群受到捕捞的影响，其空间分布会改变，这个因素在目前的模型中没有给予考虑，因此模拟结果较难给予合理的评价，需要进一步调查和对模型进行改进。

图 4-9 是成鱼随时间变化的平均水深，因成鱼具有很强的游泳能力，能够迁移到适宜的水层中，从图上可以看出成鱼所处平均水深没有太大的波动，处在 20 m 水深，因所用的参数相同，与具有游泳能力的幼鱼所处水层相差不大。

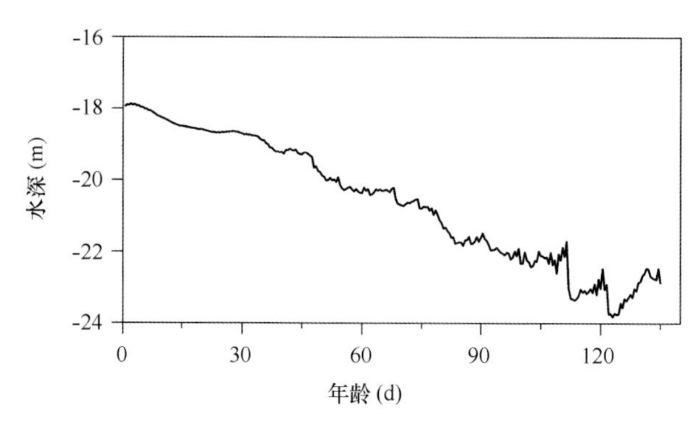

图 4-9　鲐鱼成鱼平均深水图

我们同样也对产卵场位置不同的成鱼进行了模拟，图 4-10 中偏西产卵场由于受台湾暖流影响较大，会有鲐鱼大量聚集在台湾暖流和沿岸水的锋面附近，而偏东的产卵受黑潮影响较大，会在黑潮形成的锋面附近进行大量的集群。所以鲐鱼所处位置的不同，会影响其将来集群的位置，说明物理环境和生物因素也会对成鱼的洄游和集群产生影响。

由于鲐鱼渔场的形成受海洋环境要素的时空分布动态演化影响，忽略渔

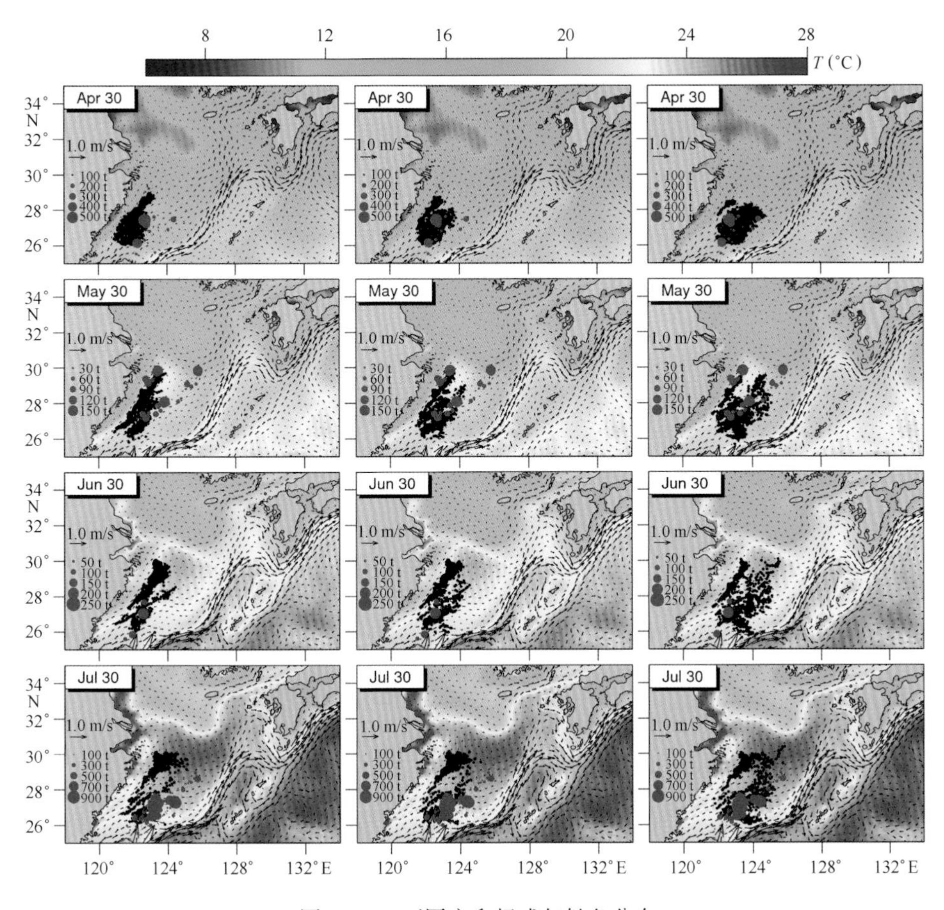

图 4-10　不同产卵场成年鲐鱼分布

（左：偏西、中：正常、左：偏东）

场形成的这种特点，会对鲐鱼与海洋环境关系的研究造成影响。因此，采用 IBM 方法来研究鲐鱼鱼群的分布、探讨鲐鱼洄游生态特点、鲐鱼对环境的响应关系具有可行性。但也存在以下几方面的问题：

（1）模型的参数设置基本是依靠经验和其他文献上面的，有的还借鉴了相关其他鱼种数据，如运动规则设定和适宜度权重计算来源于经验和文献。

（2）在模型中设定幼鱼有感知和所处网格所有相邻网格的能力，按理应当根据体长相关函数求得搜寻半径更加合理，但计算量将大大增加。

（3）虽然在模型中使用上升流代表食物富集量作为适宜度计算因子，但没有引进真正食物作为适宜度的因子，会影响模型的准确性，另外模型中也没有考虑食物、胁迫以及捕食和躲避过程。

（4）在模型中幼鱼的游泳速度一直是体长的单一函数，虽然在模型中会根据适宜度大小在正态范围内有所变化，但和真实有所差别。

因此，进一步加强鲐鱼行为学的研究以及对环境响应关系的理解、收集鲐鱼的空间分布数据、增加食物模块是今后要努力的方向。

4.5 小结

（1）确定了运动规则，使用温度、温度梯度、盐度、盐度梯度、距离、上升流和鱼群密度7个因子建立起了具有游泳能力的IBM模型。

（2）具有游泳能力仔幼鱼在输运的前期对输运影响不大，后期随着增强的游泳能力在温盐梯度比较大的锋面，靠近暖水的一侧有集群现象，会使该处有高丰度分布；因对环境有一定的选择性，会处在相对比较适宜的环境中，使死亡率降低；平均所处水深降低，更适应生长；并使向东北输运速度降低，导致输运到太平洋和日本海的幼鱼数量都有所下降。

（3）产卵场的变动使偏西产卵场的仔幼鱼集群受台湾暖流影响较大，导致集群偏西，主要聚集在偏北的台湾暖流水和长江冲淡水交汇区高温、高盐一侧；偏东产卵场受黑潮影响较大，不形成大量聚集，但在远离黑潮的一侧有聚集的倾向；与没有游泳能力的模拟相比较，3个模拟试验输运到太平洋和日本海的幼鱼数量都有所下降。说明即使有游泳能力，物理环境和生物因素同样会对鱼卵仔鱼的输运产生影响。

（4）成年鲐鱼模拟结果与捕捞和调查数据基本吻合，处在20 m适宜水层，渔场往往处于一定温度范围内并在冷暖交汇区偏暖水一侧，温度梯度同鲐鱼分布关系密切。台湾东北部鲐鱼聚集主要受台湾暖流、大陆沿岸水、黑潮影响。在台湾暖流和沿岸水交汇的锋面附近有大量的鲐鱼分布，在黑潮与中国大陆沿岸水形成的潮境区域也有大量的鲐鱼分布。

（5）产卵场位置的变动使偏西产卵场的成鱼由于受台湾暖流影响较大，鲐鱼会大量聚集在台湾暖流和沿岸水的锋面附近，而偏东的产卵成鱼受黑潮影响较大，也会在黑潮形成的锋面附近进行大量的集群。所以鲐鱼所处位置的不同，会影响其将来集群的位置，说明物理环境和生物因素也会对成鱼的洄游和集群产生影响。

第5章　总结和展望

5.1　主要结论

（1）物理模型采用FVCOM，生物模型采用IBM，结合鲐鱼生活史过程及其习性，首次建立起了基于个体模型的东海鲐鱼早期生活史的物理-生物耦合模型IBM-CM，为后续的鲐鱼鱼卵仔鱼的输运、丰度分布以及连通关系的深入研究奠定了基础。

（2）利用正常气候条件下流场驱动IBM，对鲐鱼鱼卵仔鱼输运进行研究，首次验证了台湾东北部产卵场的鱼卵仔鱼向东海东北部输运的推测，在输运初期一部分仔幼鱼是先向偏北输运到舟山外海；另一部分则向东北对马海峡方向输运，由于黑潮的阻隔作用，在输运路径上鱼卵仔鱼很难冲破锋面阻隔进入或穿过黑潮，当到达五岛列岛后，仔幼鱼被洋流分成了两部分，一部分被对马暖流带进了对马海峡里面，另一部分经过九州岛西部海域被黑潮迅速带进了太平洋里。研究首次表明，黑潮、台湾暖流和对马暖流产生水平平流和垂向湍流控制着台湾东北部产卵场的鱼卵仔鱼的输运和分布。靠近黑潮、台湾暖流和对马暖流的鱼卵仔幼鱼都有比较高的输运速度，在输运路径后端和输运速率大的海域有很高的丰度，对马海峡育肥场是最适宜生长海域，海洋物理环境控制着东海西南部产卵场的鱼卵仔鱼的输运、丰度分布、生长、存活。

（3）模拟发现，鱼卵仔鱼的输运是台湾东北部产卵场与对马海峡附近渔场的主要连接机制，也是一个十分重要的补充群体和资源。仔幼鱼2/3输送到了济州岛和对马海峡的偏北海域育肥场，输送到九州岛和太平洋偏南海域育肥场只占了总数的1/3，但台湾东北部产卵场对我国长江口和杭州湾外海的渔场补充量作用十分有限。鱼卵仔鱼的连通性同该区域的洋流划分系统十分相似，偏北的对马海峡和济州岛育肥场的仔幼鱼主要来自于偏东北A和B部分产卵场，而偏南九州岛和太平洋育肥场则主要来自于偏西南 C 和 D 部分产卵场。这证明了物理因素对补充和连通性有很大影响。

（4）首次研究发现，Alice 台风经过鲐鱼产卵场后，对鲐鱼鱼卵仔幼鱼的输运分布影响不大，原因是鲐鱼鱼卵仔幼鱼输运路径正处在台风影响最小的区域内，台风逆时针旋转的气旋与潮流的顺时针旋转的反气旋相互抵消，减少了台风对仔幼鱼输运区域低频率潮流的影响，台风作用时间加长对鱼卵仔鱼的分布有影响。丰度分布和输运速度在输运路径的后端有所差异，使高密度的鱼卵仔鱼范围有向东北方向上扩散和增大输运路径后端鱼卵仔鱼输运速度的趋势。台风使仔幼鱼的死亡率增大，并使鱼卵仔鱼向深水移动的趋势。

（5）研究发现，鲐鱼产卵场位置的变动，对鱼卵仔幼鱼的输运分布会产生很大的影响。偏西的产卵场由于受台湾暖流的影响较大，输运整体偏西北，在输运的过程中有大量仔幼鱼在中国沿海滞留和过境，最后绝大部分输运到了偏北的济州岛育肥场。偏东的产卵场由于受黑潮影响较大，整体输运偏东南，几乎没有鱼卵仔鱼漂移到中国沿海附近，并且漂移速度很快，最后输运到偏南太平洋育肥场数量增多。研究证实，台湾暖流和黑潮影响偏西和偏东产卵场鱼卵仔鱼的输运速度；偏西产卵场在浙江沿岸、长江口、舟山外海、江苏沿岸、黑潮附近有较高的丰度分布，总体的分布趋势是北低南高，偏东产卵场在输运路径上有较高分布，在中国沿海没有丰度分布，正常产卵场在 3 个产卵场中的存活几率和生长方面都是最佳的；产卵深度的变动对鱼卵仔鱼的输运和丰度分布没有太大的影响，但 5 m 和 15 m 深产卵的死亡率有所增加，正常产卵深度（10 m）是最佳产卵深度。

（6）根据鲐鱼的运动规则，首次建立起了具有游泳能力的 IBM 模型。研究认为，具有游泳能力仔幼鱼在输运的前期影响不大，后期随着增强的游泳能力有集群现象出现，使死亡率降低，向东北输运速度降低，输运到太平洋和日本海的幼鱼数量都有所下降，平均所处水深降低，更适应生长。产卵场的变动使偏西产卵场的集群受台湾暖流影响较大，导致集群偏西。偏东产卵场受黑潮影响较大，集群偏东。说明物理环境和生物因素同样会对具有游泳能力鱼卵仔鱼的输运产生影响。

（7）首次应用 IBM 对东海鲐鱼成体进行模拟。研究认为，鲐鱼成鱼处在 20 m 适宜水层，台湾东北部鲐鱼集群主要受台湾暖流、大陆沿岸水、黑潮影响。在台湾暖流水舌内侧附近和前端，东海暖水与黑潮表层水交汇的锋面附近有大量的鲐鱼分布。产卵场位置的变动由于偏西产卵场受台湾暖流影响较大，在台湾暖流和沿岸水的锋面附近有大量聚集；而偏东的产卵场受黑潮影响较大，会在黑潮形成的锋面附近进行大量的集群。所以鲐鱼所处位置的不同，会影响其集群的位置，说明物理环境和生物因素会对成鱼的洄游和集群产生影响。

5.2 存在的问题与分析

本专著在利用IBM-CM模型对东海区鲐鱼鱼卵仔幼鱼的常规输运、连通性等进行研究，并利用数值模拟的灵活性，改变物理环境和生物因素，对比研究影响输运、生长、生存的因素，其研究成果为渔业行政管理部门今后开展对鲐鱼资源的管理提供了理论依据。但是本研究仍然存在一些不足，有些方面需要补充和完善，有些方面需要今后做进一步的研究和分析。主要表现以下几个方面：

（1）中国东海的水文条件很复杂，表现出巨大的空间、时间差异，并具有很强的非线性性，现在物理模型有些物理机制还不能模拟和确定，需要更高分辨率的物理模型和精确湍流模型的模拟。

（2）本研究采用的物理场模拟时间较长，但在物理模型（FVCOM-ESC）模拟中没有进行数据同化，会使模拟结果尤其是在模拟的后期由于累积误差将导致精度下降。

（3）生物模型也是一个复杂的非线性系统，所以生态系统中的生物量也并非严格的周期函数，存在随机和混沌性，虽然生物模型中一些过程考虑了随机的因素，但在模型中大量使用数学公式参数化代表的生物特性就存在一定的局限性。

（4）模型中一些参数和公式并不是专门针对东海鲐鱼（*S. japonicus*）早期生活史的，如与环境变量相关的生长、死亡等公式借鉴了其他鲐鱼鱼种（*Scomber scombrus*），为此需要加强这方面的基础研究。

（5）一些参数和系数简单地来源于试验和经验可能跟实际环境中会有很大误差，如没有精确的产卵场位置和产卵时间，而是通过推测来确定，在生物模型中对一些生物过程进行了简化，一些系数基本保持不变，如将卵的死亡率设为定值，其他生长阶段的死亡率没有考虑被捕食和生物斑块密度之间的关系，使用上升流指数来代替食物场，这不能应用到水平和垂向混合占主要地位的河口海域等，这些都会对鱼卵仔鱼的丰度模拟结果产生影响。

（6）在实际中，鱼类决定行为时还要考虑摄食得益和被掠食的危险，但在研究中尚没有考虑捕捞、食物胁迫、种间捕食、被捕食过程的影响。另外，由于缺乏相关资料，在模拟中假设5个生长阶段一直是被动漂移，即只考虑了物理方面的影响，没有考虑生物因素产生的运动。但在模拟的后期由于逐渐增强的个体自主游泳能力导致水平和垂向迁移会对模拟精度产生影响。虽然文章最后加入了游泳能力，但结果没有经过现场数据进行验证，正确性值得商榷。

（7）在具有游泳能力的模拟中，运动规则的设定和适宜度权重计算来源于经验和文献。设定幼鱼有感知和所处网格所有相邻网格的能力，按理应当根据体长相关函数求得搜寻半径更加合理，但计算量将大大增加。模型中幼鱼的游泳速度一直是体长的单一函数，虽然在模型中会根据适宜度大小在正态范围内有所变化，但和真实情况有所差别。

（8）本专著主要集中在物理环境对鱼卵仔鱼输运的影响，得到的试验模拟结果只是定性地分析，并没有使用调查数据进行严格验证，并不都能代表真实的输运和丰度分布情况，只能代表分布趋势，也是本专著的不足之处。

5.3　本专著研究的创新点

国外将IBM模型应用到渔业研究中很多，但目前国内因为海洋物理模型的限制，IBM应用到渔业上的研究和应用相对较少，现阶段研究主要集中在调查方面，还没有人利用IBM来研究日本鲐鱼卵仔鱼的输运以及洄游分布。本专著的创新点主要体现在：

（1）结合物理海洋学、渔业资源学、渔业生态学多项学科，进行学科交叉，将海洋模型（FVCOM）和生态模型（IBM）相耦合（IBM-CM）应用到东海鲐鱼研究中来，实现了多学科的交叉。

（2）利用IBM-CM来研究鲐鱼鱼卵仔鱼的生长、输运、分布以及补充量，利用IBM-CM来研究鲐鱼的洄游及其渔场形成机制，解决鲐鱼渔业资源数量变动机制的关键性问题，将为渔业资源评估及管理提供理论依据。

（3）首次验证了鱼卵仔鱼的输运路径；得到台风对其分布影响不大的结论；首次建立了具有游泳模块的IBM模型；研究了物理和生物因素对其分布和集群影响的动力学原因。

5.4 下一步的研究

（1）通过建立监测体系和出海调查，加强长时间系列的仔鱼、成体渔业资源调查和环境监测。收集鲐鱼的空间分布数据，与模型进行定量对比，修正模型中不切实际的地方。

（2）应用四维数据同化技术对物理场进行更加精确模拟。

（3）引入营养盐、浮游植物和浮游动物三个状态变量模型（简称 NPZ），模拟能够代表真实的具有时空分布的食物场。

（4）加强鲐鱼行为学的研究，针对东海鲐鱼早期生活史进行试验研究，参数化针对本鱼种的生物系数以及对环境响应关系的理解。增强和改进仔幼鱼垂直移动和主动游泳行为模块也是将来进一步要研究的主要内容。

（5）通过年际长时间模拟，对多代鲐鱼资源进行模拟，并加强一些事件影响的研究，比如厄尔尼诺（EI Nino）、拉尼娜（La Nina）、北太平洋年际震荡（PDO）、长江径流量对鲐鱼的影响等，系统探寻鲐鱼资源补充的动力学机制。

参考文献

1. 陈长胜．海洋生态系统动力学与模型．北京：高等教育出版社，2003，p404.

2. 陈求稳，程仲尼，蔡德所，等．基于个体模型模拟的鱼类对上游水库运行的生态响应分析．水利学报，2009，40（8）：897-903.

3. 葛建忠．Multi-sale FVCOM model system for the East China Sea and Changjiang Estuary and its applications. 博士学位论文，华东师范大学，2010.

4. 管秉贤．中国海海流系统及其结构概述．渤海、黄海、东海调查研究报告，中国科学院海洋研究所，1984：110-141.

5. 管秉贤．东海海流结构及涡旋特征概述．海洋科学集刊，北京：科学出版社，1986，27：1-22.

6. 官文江．基于海洋遥感的东黄海鲐鱼资源与渔场研究．博士学位论文，华东师范大学，2008.

7. 郭炳火，李兴宰，李载学．夏季对马暖流区黑潮水与陆架水的相互作用．海洋学报，1998，20（5）：1-12.

8. 郭炳火，邹娥梅，熊学军，等．黄海、东海水交换的季节变异．海洋学报（增刊），2000，22：13-23.

9. 洪华生，何发祥，杨圣云．厄尔尼诺现象和浙江近海鲐鲹鱼渔获量变化关系——长江口ENSO渔场学问题之二．海洋湖沼通报，1997，4：9-16.

10. 蒋玫，王云龙．东海夏季日本鲭（*Scomber japonicus*）和鳀鱼（*Engraulis japonicus*）鱼卵仔鱼分布特征．海洋与湖沼，2007，38（4）：351-355.

11. 李纲．东黄海鲐鱼资源评估及管理策略风险分析．博士学位论文，上海水产大学，2008.

12. 李纲，陈新军．东黄海鲐鱼资源评估与管理决策研究．北京：科学出版社，2011.

13. 李向心．基于个体发育的黄渤海鳀鱼种群动态模型研究．青岛：中国海洋大学，2007.

14. 苗振清．东海北部近海夏秋季鲐鲹渔场与海洋水文环境的关系．浙江海洋学院学报，1993，22（1）：32-39.

15. 农牧渔业部水产局、农牧渔业部东海区渔业指挥部．东海区渔业资源调查和区划．上海：华东师范大学出版社，1987.

16. 沈焕庭．长江河口最大混浊带研究．地理学报，1992，47（5）：472-479.

17. 苏育嵩．长江口济州岛附近水域综合调查和研究报告．山东海洋学院学报，1986，16（1）：1-27.

18. 唐启升．中国专属经济区海洋生物资源与栖息环境．北京：科学出版社，2006.

19. 唐启升，苏纪兰．海洋生态系统动力学研究与海洋生物资源可持续利用．地球科学进展，2001，16（1）：5-11.

20. 唐启升，苏纪兰．中国海洋生态系统动力学研究 I 关键科学问题与研究发展战略．北京：科学出版社，2000.

21. 万瑞景，孙珊．黄海、东海生态系统中鱼卵、仔稚幼鱼种类组成与数量分布．动物学报，2006，52（1）：28-44.

22. 翁学传，王从敏．台湾暖流深层水变化特征分析．海洋与湖沼，1983，14（4）：357-366.

23. 西海区水产研究所（日本）．东海、黄海主要水生资源的生物、生态特征——中日间见解和比较. 长崎：西海区水产研究所，2001.

24. 颜尤明．福建近海鲐鱼的生物学．海洋渔业，1997，9（2）：69-73.

25. 杨红，章守宇，戴小杰，等．夏季东海水团变动特征及对鲐鲹渔场的影响．水产学报，2001，25（3）：209-214.

26. 张晶，韩士鑫．黄海、东海鲐鲹鱼渔场环境分析［J］．海洋渔业，2004，26（4）：321-325.

27. 张秋华，程家骅，徐汉祥，等．东海区渔业资源及其可持续利用．上海：复旦大学出版社，2005.

28. 张孝威．鲐鱼．北京：农业出版社，1983.

29. 中国农业年鉴编辑委员会编．中国农业年鉴．北京：中国农业出版社，2010.

30. 朱建荣．长江口外上升流动力机制研究．华东师范大学研究报告，1997.

31. 朱建荣，沈焕庭．长江冲淡水扩展机制．上海：华东师范大学出版社，1997.

32. 朱建荣．海洋数值计算方法和数值模式．北京：海洋出版社，2003，p199.

33. Adlandsvik B，Gundersen AC，Nedreaas KH，*et al.* Modelling the advection and diffusion of eggs and larvae of Greenland halibut（*Reinhardtius hippoglossoides*）in the north-east Arctic. Fisheries Oceanography，2004，13：403-415.

34. Adlandsvik B，Sundby S. Modelling the transport of cod larvae from the Lofoten Area. ICES Marine Science Symposia，1994，198：379-392.

35. Allain G，Petitgas P，Grellier P，*et al.* The selection process from larval to juvenile stages of anchovy（*Engraulis encrasicolus*）in the Bay of Biscay investigated by lagrangian simulations and comparative otolith growth. Fisheries Oceanography，2003，12：407-418.

36. Allain G，Petitgas P，Lazure P. The influence of mesoscale ocean processes on anchovy（*En-*

graulis encrasicolus) recruitment in the Bay of Biscay estimated with a three dimensional hydrodynamic mode. Fisheries Oceanography, 2001, 10: 151-163.

37. Ault JS, Luo J, Smith SG, *et al.* A spatial dynamic multistock production model. Canadian Journal of Fisheries and Aquatic Sciences, 1999, 56 (Suppl. 1): 4-25.
38. Bartsch J. Numerical simulation of the advection of vertically migrating herring larvae in the North Sea. Meeresforschung /Rep Mar Res, 1988, 32: 30-45.
39. Bartsch J. The influence of spatio-temporal egg production variability on the modelled survival of the early life history stages of mackerel (*Scomber scombrus*) in the eastern North Atlantic. ICES J. Mar. Sci. , 2005, 62: 1049-1060.
40. Bartsch J, Brander K, Heath M, *et al.* Modeling the advection of herring larvae in the North-Sea. Nature, 1989, 340: 632-636.
41. Bartsch J, Coombs SH. An individual-based growth and transport model of the early life-history stages of mackerel (*Scomber scombrus*) in the eastern North Atlantic. Ecol. Model. , 2001, 138: 127-141.
42. Bartsch J, Coombs SA. Numerical model of the dispersion of blue whiting larvae, *Micromesistius poutassou* (Risso), in the eastern North Atlantic. Fisheries Oceanography, 1997, 6: 141-154.
43. Bartsch J, Coombs SH. An individual-based model of the early life history of mackerel (*Scomber scombrus*) in the eastern North Atlantic, simulating transport, growth and mortality. Fisheries Oceanography, 2004a, 13: 365-379.
44. Bartsch J, Knust R. Simulating the dispersion of vertically migrating sprat larvae (*Sprattus sprattus* (L.)) in the German Bight with a circulation and transport model system. Fisheries Oceanography, 1994, 3: 92-105.
45. Bartsch J, Reid D, Coombs SH. Simulation of mackerel (*scomber scombrus*) recruitment with an individual-based model and comparison with field data. Fish. Oceanogr. , 2004b, 13: 6, 380-391.
46. Batchelder HP. Forward-in-time-/backward-in-time trajectory (FITT/BITT) modeling of particles and organisms in the coastal ocean. J Atmos Ocean Technol, 2006, 23 (5): 727-741.
47. Batchelder HP, Edwards CA, Powell TM. Individual-based models of copepod populations in coastal upwelling region: Implications of physiologically and environmentally influenced diel vertical migration on demographic success and nearshore retention. Progress in Oceanography, 2002, 53: 307-333.
48. Belyaev VA and Rygalov VE. Distribution of larvae and formation of year-class abundance of chub mackerel *Scomber japonicus* Houttuyn (*Scombridae*) from the Northweat Pacific. J.

Ichl. , 1987, 27: 18-25.

49. Berntsen J, Skagen DW, Svendsen E. Modelling the transport of particles in the North Sea with reference to sandeel larvae. Fisheries Oceanography, 1994, 3: 81-91.

50. Blumberg AF, Mellor GL. A description of a three-dimensional coastal ocean circulation model. Washington, D. C. : American Geophysical Union, 1987.

51. Bograd SJ, Stabeno PJ, Schumacher JD. A census of mesoscale eddies in Shelik of Strait, Alaska, during 1989. J Geophys Res, 1994, 99: 18243-18254.

52. Breckling B, Muller F, Reuter H, *et al.* Emergent properties in individual-based ecological models-introducing case studies in an ecosystem research context. Ecological modeling, 2005, 186: 376-388.

53. Brickman D, Frank KT. Modelling the dispersal and mortality of Browns Bank egg and larval haddock (*Melanogrammus aeglefinus*) . Canadian Journal of Fisheries and Aquatic Sciences, 2000, 57: 2519-2535.

54. Brickman D, Marteinsdottir G, Taylor L. Formulation and application of an efficient optimized biophysical model. Mar Ecol Prog Ser, 2007, 347: 275-284.

55. Brickman D, Shackell NL, Frank KT. Modelling the retention and survival of Browns Bank haddock larvae using an early life stage model. Fisheries Oceanography, 2001, 10: 284-296.

56. Brickman D, Smith PC. Lagrangian stochastic modeling in coastal oceanography. Journal of Atmospheric and Oceanic Technology, 2002, 19: 83-99.

57. Brochier T, Lett C, Tam J, *et al.* An individual-based model study of anchovy early life history in the northern Humboldt Current system. Progress in Oceanography, 2008, 79: 313-325.

58. Brown CA, Holt SA, Jackson GA, *et al.* Simulating larval supply to estuarine nursery areas: how important are physical processes to the supply of larvae to the Aransas Pass Inlet? . Fisheries Oceanography, 2004, 13: 181-196.

59. Bruce BD, Condie SA, Sutton CA. Larval distribution of blue grenadier (*Macruronus novaezelandiae Hector*) in south-eastern Australia: further evidence for a second spawning area. Marine and Freshwater Research, 2001, 52: 603-610.

60. Bunnell DB, Miller TJ. An individual-based modeling approach to per-recruit models: blue crab *Callinectes sapidus* in the Chesapeake Bay. Canadian Journal of Fisheries and Aquatic Science, 2005, 62: 2560-2572.

61. Campana SE, Frank KT, Hurley PCF, *et al.* Survival and abundance of young Atlantic cod *Gadus morhus* and haddock *Melanogrammus aeglefinus* as indicators of year - class strength. Canadian Journal of Fisheries and Aquatic Sciences, 1989, 46: 171-182.

62. Chen CS, Bearodsley RC, Limeburner R, *et al.* Comparison of winter and summer hydrographic observations in the Yellow and East China Seas and adjacent Kuroshio during 1986. Con-

tinental Shelf Research, 1994, 14: 909-929.

63. Chen CS, Beardsley RC, Limeburner R. The structure of the Kuroshio southwest of Kyushu: velocity, transport and potential vorticity fields. Deep-Sea Research, 1992, 39: 245-268.

64. Chen CS, Beardsley RC, Cowles G. An unstructured grid, finite-volume coastal ocean model (FVCOM) system. Special issue entitled "Advance in computational oceanography" . Oceanography, 2006, 19: 78-89.

65. Chen C, Cowles G and Beardsley RC. An unstructured grid, finite-volume coastal ocean model: FVCOM User Manual. Second Edition. SMAST/UMASSD Technical Report-06-0602, 2006, pp 45.

66. Chen CS, Liu L and Beardsley RC. An unstructured grid, finite-volume, three-dimensional, primitive equation ocean model: application to coastal ocean and estuaries. J. Atmos Oceanic Technol. , 2003, 20: 159-186.

67. Chen CS, Xue P, Ding PX, *et al.* Physical mechanisms for the offshore detachment of the Changjiang diluted water in the East China Sea. Journal of Geophysical Research, 2008, 113: 1-17.

68. Chikako W, Akihiko Y. Effects of density-dependence and sea surface temperature on interannual variation in length-at-age of chub mackerel (*Scomber japonicus*) in the Kuroshio-Oyashio area during 1970—1997. Fish. Bull. (Seattle), 2004, 102 (1): 196-206.

69. Christensen A, Daewel U, Jensen H, *et al.* Hydrodynamic backtracking of fish larvae by individual-based modeling. Mar Ecol Prog Ser, 2007, 347: 221-232.

70. Coombs SH, Nichols JH, Fosh CA. Plaice egg (*Pleuronectes platessa* L.) in the southern North Sea: abundance, spawning area, vertical distribution, and buoyancy. Journal du Conseil International pour l'exploration de la Mer, 1990, 47: 133-139.

71. Cowan JC, Houde ED. Size-dependent predation on marine fish larvae by Ctenophores, Scyphomedusae, and planktivorous fish. Fisheries Oceanography, 1992, 1, 113-126.

72. Cowan Jr JH, Shaw RF. Recruitment. In: Fuiman LA, Werner RG (eds) Fishery Science: The Unique Contribution of Early Life Stages. UK: Blackwell Science, Oxford, 2002.

73. Cowen RK, Paris CB, Srinivasan A. Scaling of connectivity in marine populations. Science, 2006, 311 (5760): 522-527.

74. Cowles G. Parallelization of the FVCOM coastal ocean model. International Journal of High Performance Computing Applications, 2008, 22: 177-193.

75. Crowder L B. Optimal foraging and feeding mode shifts in fishes. Environmental Biology of Fishes. 1985, 12: 57-62.

76. Cushing D. Plankton production and year-class strength in fish populations: an update of the match/mismatch hypothesis. Advances in Marine Biology, 1990, 26: 249-293.

77. Deangelis DL, Cox DK, Coutant CC. Cannibalism and size dispersal in young-of-the-year largemouth bass: experiment and model. Ecol Modelling, 1979, 8: 133-148.

78. Deangelis DL, Gross LJ. Individual-based models and approaches in ecology. New York: Chapman and Hall, 1992.

79. Deangelis DL and Gross LJ. Individual-Based Models and Approaches in Ecology: Populations, Communities and Ecosystems. 1992, New York: Chapman & Hall, 525 pp.

80. Deangelis DL, Godbout L, Shuter BJ. An individualbased approach to predicting density-dependent dynamics in small mouth bass populations. Ecol Model, 1991, 57: 91-115.

81. Dower JF, Miller TJ, Leggett WC. The role of microscale turbulence in the feeding ecology of larval fish. Advances in Marine Biology, 1997, 31: 169-220.

82. Fiksen Ø, Jorgensen C, Kristiansen T, Vikebo F, Huse G. Linking behavioral ecology and oceanography: larval behavior determines growth, mortality and dispersal. Marine Ecology Progress Series, 2007, 347: 195-205.

83. Fiksen Ø, MacKenzie BR. Process-based models of feeding and prey selection in larval fish. Marine Ecology Progress Series, 2002, 243: 151-164.

84. Folkvord A. Comparison of size-at-age of larval Atlantic cod (*Gadus morhua*) from different populations based on size-and temperature-dependent growth models. Canadian Journal of Fisheries and Aquatic Science, 2005, 62: 1037-1052.

85. Foreman MGG, Baptista AM, Walters RA. Tidal model of particle trajectories around a shallow coastal bank. Atmosphere-Ocean, 1992, 30: 43-69.

86. Fritzsche RA. Development of Fishes of the Mid-Atlantic Bight, an Atlas of Egg, Larval and Juvenile Stages, volume V. Washington DC: Fish and Wildlife Service, 1978.

87. Fur J. and Simon P. A new hypothesis concerning the nature of small pelagic fish clusters An individual-based modelling study of Sardinella aurita dynamics off West Africa. Ecol. Mod., 2009, 220: 1291-1304.

88. Galbraith PS, Browman HI, Racca RG, *et al.* Effect of turbulence on the energetics of foraging in Atlantic cod *Gadus morhua* larvae. Mar Ecol Prog Ser, 2004, 281: 241-257.

89. Gallego A, Heath MR. The effect of growth-dependent mortality, external environment and internal dynamics on larval fish otolith growth: an individual based modelling approach. Journal of Fish Biology, 1997, 51 (Suppl. A): 121-134.

90. Gallego A, Heath MR, Basfrod DJ, *et al.* Variability in growth rates of larval haddock in the northern North Sea. Fisheries Oceanography, 1999, 8: 77-92.

91. Gluyas-Millan MG, Castonguay M, Quinonez-velazquez C. Growth of juvenile Pacific mackerel, *Scomber japonicus* in the Gulf of California. Scientia Marina, 1998, 62: 225-231.

92. Grimm V. Ten years of individual-based modelling in ecology: what have we learned and what

could we learn in the future? Ecological Modelling, 1999, 115: 129-148.

93. Haidvogel DB, Wilkin JL, Young R. A semi-spectral primitive equation ocean circulation model using vertical sigma and orthogonal curvilinear horizontal coordinates. Journal of Computational Physics, 1991, 94: 151-185.

94. Hao W, Jian S, Ruijing W, Lei W, *et al.* Tidal front and the convergens of anchovy (*Engraulis japonicus*) eggs in the Yellow Sea. Fisheries Oceanography, 2003, 12: 434-442.

95. Hare JA, Quinlan JA, Werner FE, *et al.* Larval transport during winter in the SABRE study area: results of a coupled vertical larval behaviour-three-dimensional circulation model. Fisheries Oceanography, 1999, 8: 57-76.

96. Heath MR, Gallego A. From the biology of the individual to the dynamics of the population: bridging the gap in fish early life studies. Journal of Fish Biology, 1997, 51 (Suppl. A): 1-29.

97. Heath MR, Gallego A. Biophysical modelling of the early life stages of haddock (*Melanogrammus aelgefinus*) in the North Sea. Fisheries Oceanography, 1998, 7: 110-125.

98. Helbig JA, Pepin P. The effects of short space and time scale current variability on the predictability of passive ichthyoplankton distributions: an analysis based on HF radar observations. Fisheries Oceanography, 2002, 11: 175-188.

99. Hermann AJ, Hinckley S, Bernard A, *et al.* Applied and theoretical considerations for constructing spatially explicit individual-based models of marine larval fish that include multiple trophic levels. ICES J Mar Sci, 2001, 58: 1030-1041.

100. Hermann AJ, Hinckley S, Megrey BA, *et al.* Interannual variability of the early life history of walleye pollock near Shelikof Strait as inferred from a spatially-explicit, individual-based model. Fisheries Oceanography, 1996, 5 (Suppl. 1): 39-57.

101. Hernández JJC and Ortega ATS. Synopsis of biological data on the chub mackerel (*Scomber japonicus* Houttuyn, 1782) . FAO Fisheries Synopsis, 2000, 157.

102. Hinckley S, Hermann AJ, Megrey BA. Development of a spatially explicit, individual-based model of marine fish early life history. Marine Ecology Progress Series, 1996, 139: 47-68.

103. Hinckley S, Hermann A J, Mier K L, *et al.* Importance of spawning location and timing to successful transport to nursery areas: a simulation study of Gulf of Alaska walleye Pollock. Ices Journal of Marine Science, 2001, 58: 1042-1052.

104. Hinrichsen HH, Kraus G, Voss R, *et al.* The general distribution pattern and mixing probability of Baltic sprat juvenile populations. Journal of Marine Systems, 2005, 58: 52-66.

105. Hinrichsen HH, Lehmann A, Mollmann C, *et al.* Dependency of larval fish survival on retention/dispersion in food limited environments: the Baltic Sea as a case study. Fisheries Oceanography, 2003, 12: 425-433.

106. Hinrichsen HH, Mollmann C, Voss R, *et al.* Biophysical modeling of larval Baltic cod (*Gadus morhua*) growth and survival. Canadian Journal of Fisheries and Aquatic Sciences, 2002, 59: 1858-1873.

107. Hislop JRG, Gallego A, Heath MR, *et al.* A synthesis of the early life history of the angler fish, *Lophius piscatorius* (Linnaeus, 1758) in northern British waters. Ices Journal of Marine Science, 2001, 58: 70-86.

108. Hiyama Y, Yoda M and Ohshimo S. Stock size fluctuations in chub mackerel (*Scomber japonicus*) in the East China Sea and the Japan East Sea. Fish. Oceanogr. , 2002, 11 (6): 347-353.

109. Hjort J. Fluctuations in the great fisheries of northern Europe. Report Conceil Permanent International Pourr, 1914, 20: 1-20.

110. Hjort J. Fluctuations In the year classes of important food fishes. J Cons Int Explor Mer, 1926, 15-38.

111. Houde E. Fish early life dynamics and recruitment variability. American Fisheries Society Symposium, 1987, 2: 17-29.

112. Hovenkamp F. Growth-dependent mortality of larval plaice *Pleuronectes Platessa* in the North Sea. Mar. Eco1. Prog. Ser. , 1992, 82: 95-101.

113. Hunter J, Craig P, Phillips H. On the use of random walk models with spatially-variable diffusivity. J Comp Physiol, 1993, 106: 366-376.

114. Hunter JR, Kimbrell CA. Early life history of pacific mackerel, *scomber Japonicus.* Fishery Bulletin, 1980, 78: 89-100.

115. Huse G, Strand E, Giske J. Implementing behavior in individual-based models using neural networks and genetic algorithms. Evol Ecol, 1999, 13: 469-483.

116. Huston MA, DeAngelis DL, Post WM. New computer models unify ecological theory. BioScience, 1988, 38: 682-691.

117. Hwang S, Lee T. Spawning dates and early growth of chub mackerel *Scomber japonicus* as indicated by otolith microstructure of juveniles in the inshore nursery ground. Fisheries science, 2005, 71: 1185-1187.

118. Incze LS, Kendall AW, Schumacher JD, *et al.* Interactions of a mesoscale patch of larval fish (*Theragra chalcograrnma*) with the Alaska Coastal Current. Cont Shelf Res, 1989, 9: 269-284.

119. Incze L, Naimie C. Modeling the transport of lobster (*homarus americanus*) larvae and postlarvae in the gulf of Maine. Fisheries Oceanography, 2000, 9: 99-113.

120. Jarl G. Modelling spatial dynamics of fish. Reviews in Fish Biology and Fisheries. 1998, 8: 57-91.

121. Judson OP. The rise of the individual-based model in ecology. Trends Ecol Evol, 1994, 9: 9-14.

122. Kasai A, Komatsu K, Sassa C, *et al.* Transport and survival processes of eggs and larvae of jack mackerel *Trachurus japonicus* in the East China Sea. Fisheries Science, 2008, 74: 8-18.

123. Katz C, Cobb J, Spaulding M. Larval behavior, hydrodynamic transport, and potential offshore-to-inshore recruitment in the American lobster *homarus americanus*. Marine Ecology Progress Series, 1994, 103: 265-273.

124. Kendall AW, Nakatani T. Comparisons of early life-history characteristics of walleye pollock *Theragra chalcogramma* In Shelikof Strait, Gulf of Alaska, and Funka Bay, Hokkaido, Japan. Fish Bull US, 1992, 90: 129-138.

125. Kim HY, Sugimoto T. Transport of larval jack mackerel (*Trachurus japonicus*) estimated from trajectories of satellite-tracked drifters and advective velocity fields obtained from sequential satellite thermal images in the eastern East China Sea. Fish. Oceanogr., 2001, 11 (6): 329-336.

126. Kiparissis S, Tserpes G and Tsimenidis N. Aspects on the demography of Chub Mackerel (*Scomber japonicus* Houttuyn, 1782) in the Hellenic Seas. Bel. J. Zool., 2000, 130 (supplement 1): 3-7.

127. Kirby DS., Huse G, Lehodey P, Har PJB. An individual-based model for the spatial population dynamics of Pacific skipjack tuna *Katsuwonus pelamis*: model structure. 2003, SCTB16 Working Paper, p27.

128. Lasker R. Field criteria for survival of anchovy larvae: the relation between inshore chlorophyll maximum layers and successful first feeding. Fishery Bulletin US, 1975, 73: 453-462.

129. Leggett WC, DeBlois E. Recruitment in marine fishes: is it regulated by starvation and predation in the egg and larval stages. Netherlands Journal of Sea Research, 1994, 32: 119-134.

130. Lough RG, Buckley LJ, Werner FE, *et al.* A general biophysical model of larval cod (*Gadus morhua*) growth applied to populations on Georges Bank. Fisheries Oceanography, 2005, 14: 241-262.

131. Lough RG, Manning JP. Tidal-front entrainment and retention of fish larvae on the southern flank of Georges Bank. Deep-Sea Research, 2001, 48: 631-644.

132. Lough RG, Smith WG, Werner FE, *et al.* Influence of wind-driven advection on interannual variability in cod egg and larval distributions on Georges Bank: 1982 vs 1985. ICES Marine Sciences Symposia, 1994, 198: 356-378.

133. Lynch DR, Ip JTC, Naimie CE, *et al.* Comprehensive Coastal Circulation Model with Application to the Gulf of Maine. Continental Shelf Research, 1996, 16: 875-906.

134. Maes J, Limburg KE, Van de Putte A, *et al.* A spatially explicit, individual-based model to assess the role of estuarine nurseries in the early life history of North Sea herring, *Clupea harengus*. Fisheries Oceanography, 2005, 14: 17-31.

135. MacKenzie BR, Miller TJ, Cyr S, *et al.* Evidence for a dome-shaped relationship between turbulence and larval fish ingestion rates. Limnology and Oceanography, 1994, 39: 1790-1799.

136. Mariani P, MacKenzie BR, Visser AW, *et al.* Individual-based simulations of larval fish feeding in turbulent environments. Mar Ecol Prog Ser, 2007, 347: 155-169.

137. Mark J. Butler. Recruitment in degraded marine habitats: a spatially explicit individual-based model for spiny lobster. Ecological Applications. 2005, 15 (3): 902-915.

138. McDemot D, Kenneth A, Rose. An individual-based model of lake fish communities: application to piscivore stocking in Lake Mendota. Ecological modeling, 2000, 125: 67-102.

139. Megrey BA, Hinckley S. Effect of turbulence on feeding of larval fishes: a sensitivity analysis using an individual-based model. ICES Journal of Marine Science, 2001, 58: 1015-1029.

140. Mendiola D, Alvarez P, Etxebeste E, *et al.* Effects of temperature on development and mortality of Atlantic mackerel fish eggs. Fish. Res. , 2006, 80: 158-168.

141. Metz JA, Diekmann O. The dynamics of physiologically structured populations. Lecture notes in biomathematics, Berlin: Springer-Verlag, Vol 68, 1986.

142. Miller TJ. Contribution of individual-based coupled physical-biological models to understanding recruitment in marine fish populations. Mar Ecol Prog Ser, 2007, 347: 127-138.

143. Miller TJ, Crowder LB, Rice JA, *et al.* Larval size and recruitment mechanisms in fishes: toward a conceptual framework. Canadian Journal of Fisheries and Aquatic Science, 1988, 45: 1657-1670.

144. Mullon C, Cury P, Penven P. Evolutionary individual-based model for the recruitment of anchovy (*Engraulis capensis*) in the southern benguela. Can J Fish Aquat Sci, 2002, 59: 910-922.

145. Mullon C, Freon P, Parada C, *et al.* From particles to individuals: modelling the early stages of anchovy (*Engraulis capensis/encrasicolus*) in the southern Benguela. Fisheries Oceanography, 2003, 12: 396-406.

146. Neill WH. Mechanisms of fish distribution in hetero-thermal environments. Am Zool, 1979, 19: 305-317.

147. Ñiquen M, Bouchon M. Impact of El Niño events on pelagic fisheries in Peruvian waters. Deep-Sea Res. II, 2004, 1: 563-574.

148. North EW, Hood RR, Chao SY, *et al.* Using a random displacement model to simulate turbulent particle motion in a baroclinic frontal zone: a new implementation scheme and model per-

formance tests. J Mar Syst, 2006, 60: 365-380.

149. Page FH, Frank KT, Thompson K. Stage dependent vertical distribution of haddock (*Melanogrammus aeglefinus*) eggs in a stratified water column: observations and model. Can J Fish Aquat Sci, 1989, 46 (Suppl 1): 55-67.

150. Page FH, Sinclair M, Naimie CE, *et al.* Cod and haddock spawning on Georges Bank in relation to water residence times. Fisheries Oceanography, 1999, 8: 212-226.

151. Parada C, Van der Lingen CD, Mullon C, *et al.* Modelling the effect of buoyancy on the transport of anchovy (*Engraulis capensis*) eggs from spawning to nursery grounds in the southern Benguela: an IBM approach. Fisheries Oceanography, 2003, 12: 170-184.

152. Pedersen O P, Slagstad D, Tande K S. Hydrodynamic model forecasts as a guide for process studies on plankton and larval fish. Fisheries Oceanography, 2003, 12: 369-380.

153. Pepin P, Miller TJ. Potential use and abuse of general empirical models of early life history processes in fish. Can J Fish Aquat Sci, 1993, 50: 1343-1345.

154. Pepin P. Predation and starvation of larval fish: a numerical experiment of sizeand growth-dependent survival. Biological Ocenuogruphy, 1989, 6: 23-44.

155. Perrotta RG. Growth of mackerel (*Scomber japonicus* Houttuyn, 1978) from the Buenos Ariws -north Patagonian region (Argentine Sea) . Sci. Mar., 1992, 56 (1): 7-16.

156. Pyke GH. Optimal foraging theory: a critical review. Annual Review of Ecological Systems, 1984, 15: 523-575.

157. Quinlan JA, Blanton BO, Miller TJ, *et al.* From spawning grounds to the estuary: using linked individual-based and hydrodynamic models to interpret patterns and processes in the oceanic phase of Atlantic menhaden *Brevoortia tyrannus* life history. Fisheries Oceanography, 1999, 8 (Suppl 2): 224-246.

158. Reiss CS, Panteleev G, Taggart CT, *et al.* Observations on larval fish transport and retention on the Scotian Shelf in relation to geostrophic circulation. Fisheries Oceanography, 2000, 9: 195-213.

159. Rice J A, Miller TJ, Rose KA, *et al.* Growth rate variation and larval survival: inference from an individual-based size-dependent predation model. Can J Fish Aquat Sci, 1993, 50: 133-142.

160. Rice JA, Quinlan JA, Nixon SW, *et al.* Spawning and transport dynamics of Atlantic menhaden: inferences from characteristics of immigrating larvae and predictions of a hydrodynamic model. Fisheries Oceanography, 1999, 8 (Suppl 2): 93-110.

161. Ricker WJ. Stock and recruitment. Journal of Fisheries Research, Board Can, 1954, 11: 559-623.

162. Rose KA, Cowan JH. Individual-based model of young-of-the-year striped bass population

dynamics. I. Model description and baseline simulations. Trans Am Fish Soc, 1993, 122: 415-430.

163. Rose KA, Tyler JA, Chambers RC, *et al.* Simulating winter flounder population dynamics using coupled individual-based young-of-the-year and age-structured adult models. Canadian Journal of Fisheries and Aquatic Sciences, 1996, 53: 1071-1091.

164. Rothschild B, Osborn T. Small-scale turbulence and plankton contact rates. Journal of Plankton Research, 1988, 10: 465-474.

165. Roy C, Cury P and Kifani S. Pelagic fish recruitment success and reproductive strategy in upwelling areas: environmental compromises. In: Benguela Trophic Functioning. Payne AIL, Brink KH, Mann KH and Hilborn R (Eds.) . S. Afr. J. mar. Sci. , 1992, 12: 135-146.

166. Scheffer M, Baveco J, DeAngelis L, *et al.* Super-individuals, a simple solution for modeling large populations on an individual basis. Ecological Modelling, 1995, 80: 161-170.

167. Schumacher JD, Stabeno PJ, Bograd SJ. Characteristics of an eddy over a continental shelf: Shelikof Strait, Alaska. J Geophys Res, 1993, 98: 8395-8404.

168. Sclafani M, Taggart CT, Thompson KR. Condition, buoyancy and the distribution of larval fish: implications for vertical migration and retention. J Plankton Res, 1993, 15: 413-435.

169. Shackell N, Frank K, Petrie B, *et al.* Dispersal of early life stage haddock (*Melanogrammus aeglefinus*) as inferred from the spatial distribution and variability in length-at-age of juveniles. Canadian Journal of Fisheries and Aquatic Sciences, 1999, 56: 2350-2361.

170. Sharp GD. Report and supporting documentation of the workshop on the effects of environmental variation on the survival of larval pelagic fishes, Lima, 1980. Paris: Unesco, 1981.

171. Sharp GD, Csirke J. Proceedings of the expert consultation to examine changes in abundance and species composition of neritic fish resources, San José, Costa Rica, April 1983. FAO Fish Rep, 1983, 291 (2/3): 1-1224.

172. Sinclair M, Tremblay MJ, Bernal, P. El Niño events and variability in a Pacific mackerel (*Scomber japonicus*) survival index: Support for Hjort's second hypothesis. Can. J. Fish. Aquat. Sci. , 1985, 42 (3): 602-608.

173. Stegmann PM, Quinlan JA, Werner FE, *et al.* Projected transport pathways of Atlantic menhaden larvae as determined from satellite imagery and model simulations in the South Atlantic Bight. Fisheries Oceanography, 1999, 8 (Suppl 2): 111-123.

174. Stenevik EK, Skogen M, Sundby S, *et al.* The effect of vertical and horizontal distribution on retention of sardine (*Sardinops sagax*) larvae in the Northern Benguela-observations and modeling. Fisheries Oceanography, 2003, 12: 185-200.

175. Steven F, Railsbac. Tests of the diel variation in salmonid feedling activity and habitat use. Ecology, 2005, 86 (4): 947-959.

176. Sun CH, Chiang FS, Soac ET, *et al.* The effects of El Niño on the mackerel purse-seine fishery harvests in Taiwan: An analysis integrating the barometric readings and sea surface temperature. Ecol. Econo., 2006, 56: 268-279.

177. Suda M, Kishida TA. Spatial model of population dynamics of early life stages of Japanese sardine, *Sardinops melanostictus*, off the Pacific coast of Japan. Fisheries Oceanography, 2003, 12: 85-99.

178. Thygesen UH, Ådlandsvik B. Simulating vertical turbulent dispersal with finite volumes and binned random walks. Mar Ecol Prog Ser, 2007, 347: 145-153.

179. Tian RC, Chen CS, Stokesbury KDE. *et al.* Modeling exploration of the connectivity between sea scallop populations in the Middle Atlantic Bight and over Georges Bank. Mar Ecol Prog Ser, 2009, 380: 147-160.

180. Tian RC, Chen CS, Stokesbury KDE, *et al.* Dispersal and settlement of sea scallop larvae spawned in the fishery closed areas on Georges Bank. ICES Journal of Marine Science, 2009, 66: 2155-2164.

181. Tian, RC, Chen, CS, Stokesbury KDE, *et al.* Sensitivity analysis of sea scallop (*Placopecten magellanicus*) larvae trajectories to hydrodynamic model configuration on Georges Bank and adjacent coastal regions. Fish. Oceanogr., 2009c, 18 (3): 173-184.

182. Tyler JA, Rose KA. Individual variability and spatial heterogeneity in fish population models. Rev Fish Biol Fish, 1994, 4: 91-123.

183. Van der Veer HW, Pihl L, Bergman MJN. Recruitment mechanisms in North Sea plaice *Pleuronectes platessa*. Mar. Ecol. Prog. Ser., 1990, 64: 1-12.

184. Vikebø F, Jørgensen C, Kristiansen T, *et al.* Drift, growth and survival of larval Northeast Atlantic cod with simple rules of behavior. Mar Ecol Prog Ser, 2007, 347: 207-219.

185. Vikebo F, Sundby S, Adlandsvik B, and Fiksen O. The combined effect of transport and temperature on distribution and growth of larvae and pelagic juveniles of Arcto-Norwegian cod. ICES Journal of Marine Science, 2005, 62: 1375-1386.

186. Visser AW, Kiorboe T. Plankton motility patterns and encounter rates. Oecologia, 2006, 148: 538-546.

187. Visser AW. Using random walk models to simulate the vertical distribution of particles in a turbulent water column. Marine Ecology Progress Series, 1997, 158: 275-281.

188. Voss R, Hinrichsen HH, St John M. Variations in the drift of larval cod (*Gadus morhua L.*) in the Baltic Sea: combining field observations and modeling. Fisheries Oceanography, 1999, 8: 199-211.

189. Walters CJ, Hannah CG, Thompson K. A microcomputer program for simulating effects of the physical transport process on fish larvae. Fish Oceanogr, 1992 1: 11-19.

190. Watanabe C, Yatsu A and Watanabe Y. Changes in growth with fluctuation of chub mackerel abundance in the Pacific waters off central Japan from 1970 to 1997. PICES, Report 20, Report of 2001 BASS/MODEL, MONITOR and REX Workshops, and the 2002 MODEL/REX Workshop. 2000, 60-62.

191. Watanabe T. Morphology and ecology of early stages of life in Japanese common mackerel, *Scomber japonicus* Houttuyn, with special reference to fluctuation of population. Bull. Tokai Reg. Fish. Res. Lab., 1970, 62: 1-283.

192. Webb PW. Hydrodynamics and energetics of fish propulsion. Fish. Res. Board Can., Bull. 190, 158 p. 1975.

193. Werner EE, Hall DJ. Optimal foraging and size selection of prey by bluegill sunfish (*Lepomis macrochirus*). Ecology, 1974, 55: 1042-1052.

194. Werner FE, MacKenzie BR, Perry RI, *et al.* Larval trophodynamics, turbulence, and drift on Georges Bank: A sensitivity analysis of cod and haddock. Scientia Marina, 2001a, 65: 99-115.

195. Werner FE, Page FH, Lynch DR, *et al.* Influence of mean 3-D advection and simple behavior on the distribution of cod and haddock early life stages on Georges Bank. Fisheries Oceanography, 1993, 2: 43-64.

196. Werner FE., Perry RI, Lough RG, *et al.* Trophodynamic and advective influences on Georges Bank larval cod and haddock. Deep Sea Res II, 1996, 43: 1793-1822.

197. Werner FE, Quinlan JA, Blanton BO, *et al.* The role of hydrodynamics in explaining variability in fish populations. Journal of Sea Research, 1997, 37: 195-212.

198. Werner FE, Quinlan JA, Lough RG, *et al.* Spatially-explicit individual based modeling of marine populations: a review of the advances in the 1990s. Sarsia, 2001b, 86: 411-421.

199. Yamada T, Aori I, Mitani I. Spawning time, spawning frequency and fecundity of Japanese chub mackerel, *Scomber Japonicus* in the waters around the Izu Islands, Japan. Fisheries Research, 1998, 38: 83-89.

200. Yamada U, Tagawa M, Kishida S, *et al.* Fishes of the East China Sea and the Yellow Sea. Nagasaki: Seikai Regional Fisheries Research Laboratory, 1986.

201. Yatsu A, Watanabe T, Ishida M, *et al.* Environmental effects on recruitment and productivity of Japanese sardine *Sardinops melanostictus* and chub mackerel *Scomber japonicus* with recommendations for management. Fish. Oceanogr., 2005, 14 (6): 263-278.

202. Yatsuia A, MitanaT, Watnabe C, *et al.* Current stock status and management of chub mackerel, *Scomber japonicus*, along the Pacific coast of Japan-an example of allowable biological catch determination. Fish. Sci., 2002, 68 (Supplement I): 93-96.

203. Yukami R, Ohshimo S, Yoda M, *et al.* Estimation of the spawning grounds of chub mackerel

Scomber japonicus and spotted mackerel *Scomber australasicus* in the East China Sea based on catch statistics and biometric data. Fisheries Science, 2009, 75: 167-174.

204. 由上龍嗣，檜山義明，依田真里，大下誠二. 平成 18 年マサバ対馬暖流系群の資源評価. 西海区水産研究所，2007，http://www.fra.affrc.go.jp.

205. 由上龍嗣，浅野謙治，依田真里，大下誠二. 平成 19 年マサバ対馬暖流系群の資源評価. 西海区水産研究所，2008，http://www.fra.affrc.go.jp.